さんいち
ブックレット
009

除染労働

被ばく労働を考えるネットワーク編

除染労働　もくじ

はじめに　除染労働の実態の告発と、労働者の人間性の回復と、
　　　　　そして広範な連帯のために ………………………………… 4

第1章　除染労働者に聞く
　　　　──現場の様子、仕事への思い、争議を経験して
　　東北の復興のためにも働きたかった ……………………………… 8
　　　　外川真二さん（仮名、30代、関西出身）
　　除染という限られた期間内の仕事で、
　　自分に何ができるのかに挑戦したい ……………………………… 20
　　　　熊町栄さん（仮名、40代、北海道出身）
　　この時代に当事者として生きているんだから、
　　少しでも地域貢献ができれば ……………………………………… 30
　　　　山形健司さん（仮名、40代、青森県出身）

第2章　除染労働の実態
　　就労構造の問題 ……………………………………………………… 36
　　労働条件の問題 ……………………………………………………… 42
　　労働環境と安全衛生に関する問題 ………………………………… 53

第3章　国・関係機関の対応
　　環境省の対応と問題点 ……………………………………………… 64
　　厚生労働省の対応と問題点 ………………………………………… 69
　　事なかれ主義という各省に共通する問題 ………………………… 73
　　福島労働局による指導監督報告 …………………………………… 74
　　内閣府、農林水産省、東電の問題点 ……………………………… 77

第4章　除染労働者の闘い
　　　　──いくつかの労働争議事例
　　　楢葉町先行除染（元請・清水建設）：A社争議 …………………… 80
　　　田村市本格除染（元請・鹿島建設JV）：D社争議 ……………… 84
　　　楢葉町本格除染（元請・前田建設工業JV）：T社争議 ………… 87
　　　楢葉町本格除染（元請・前田建設工業JV）：T工業争議 ……… 92

第5章　除染労働者の健康と安全を守る法と制度
　　　新しい有害業務「除染労働」………………………………………… 94
　　　放射線障害を防ぐための「除染電離則」とガイドライン ……… 95
　　　累積被ばくの一元管理が必要 ……………………………………… 98
　　　労働者以外に対しては何の規制もない除染労働 ………………… 102

第6章　除染労働をめぐる課題 ……………………………………………… 106

おわりに …………………………………………………………………………… 111

資料 ………………………………………………………………………………… 112

◎はじめに
除染労働の実態の告発と、労働者の人間性の回復と、そして広範な連帯のために

■被災者が希望を託せず、除染労働者にとっても
誇りのもてない除染事業

　福島原発事故により、故郷から慣れない土地へと避難を余儀なくされ、生活の再建を待ち望む被災者が今も約14万人います。さらに、ばらまかれた放射性物質を恐れながら、避難もままならず（あるいは避難は不要と言われて）その地に生活する人々の数は、福島県内外での避難者数を上回るでしょう。原発事故は、これまでささやかに築き上げてきた生活や、先祖代々から引き継がれてきた生の記憶を、丸ごと奪い去りました。日本国憲法第25条は生存権の保障を謳っていますが、震災と原発事故で生活の条件を失った人々は、まさに生存権を奪われた状態にあります。

　原子力事業が国策として進められてきた以上、原発事故は単なる個別企業に起因する公害ではなく、国家の責任において、①事故の原因究明と被害者への謝罪・補償・生活支援をすること、そしてこれに立脚した②新たな政策と復興・新規事業が求められます。しかし実際には、2011年12月16日の野田首相（当時）による「事故収束宣言」と国のロードマップに見られるように、①はなおざりのまま②へと突き進んでいます。

　国や東電は、事故の原因究明と被災者への補償は現状で適切と判断しているのでしょうが、被災者の多くはそう考えていません。国や東電、原発メーカーなどを相手取って、事故責任を問う訴訟や慰謝料を請求する訴訟が提訴されているし、さまざまな大衆行動が行われています。それでも今・この場で日々を生きていかなければならない被災者は、いまだ満足な補償や支援がないまま、目の前にある条件の中で生活を組み立てていくしかありません。

　その中で、2012年にはじまった国・自治体による除染事業は、原発事

故により新たに出現した事業であると同時に、被災者の今後の生活・人生を大きく左右する事業となっています。しかし、それは原発事故への反省がないばかりか、その根本にある原子力事業や産業構造、地方社会のあり方や生活・雇用を問うことなく、被災者や除染実施対象地域の人々が具体的な計画に参加しない形で、国により立案され実行されています[*1]。とにかく事故収束と避難者の帰還を進め、事故を過去のものとしたい国と東電の意向が優先されているのです。そこでは、かつての「原発安全神話」同様に、事実と根本的問題が隠蔽されています。

その結果、除染事業は非常に問題が多く、被災者やそこで生活する人々が希望を託せず、除染作業を実際に行う労働者にとっても誇りのもてない事業になっているといわざるを得ません。

■被災者と除染労働者との対立構造を越えて

国や東電による真摯な謝罪や満足な補償もなく、不自由な仮設生活や不安定な雇用に悩む被災者は、莫大な予算が投入されているわりには思ったほど効果が上がらない除染事業に、大きな不信感を抱いています。「その予算を被災者の生活保障にそのまま回せ」という怒りは当然です。その憤りは、時として除染事業を直接現場で担っている除染労働者に向けられ、あからさまな罵声が浴びせられたり、差別的な対応を受けている例もあります。また、とくに地元の労働者でない場合は、得体の知れない「ヨソ者」として忌避されたり、地域社会が反対して除染労働者の宿舎が建設できないといった事例もいくつも報告されています。

現在は除染労働者の半数以上が地元の労働者ですが、当初は全国各地から仕事を求めて福島にやってきた人たちでした。その中には、同じ東北から「どうせ働くなら少しでも福島の復興に貢献したい」という「思い」を胸に、除染に来た人たちもいます。しかし、実際に福島に来てみれば、およそその「思い」に見合った誇りのある労働ではありませんでした。

国の直轄事業でありながら、労働条件は当初の話と大きく違ったり、業者のピンハネや暴力的支配は当たり前。嘘やごまかしが横行し、一方的な

条件変更や解雇、タコ部屋同然の宿舎や食事。被ばく対策を含めた安全衛生や現場の安全体制もいい加減で、2014年1月末時点ですでに5名の労災死亡事故が報告されています。除染労働者は、除染事業という新規巨大利権事業を利用してゼネコンを筆頭とする建設業界が暴利を貪る(むさぼ)ために、かき集められ・搾取され・使い捨てられる道具でしかなかったといっても過言ではありません。それは、重層下請構造に立脚して労働者から搾り取る建設業界にこの除染事業の実施を丸投げした時点で、当然起こることが予測された問題でした。

　除染事業は、本来、復興の重要な主体であるはずの被災者や労働者を疎外しています。除染事業自体がもつ本質的な問題の中で、その被害者ともいえる両者が対立させられる構造を放置してはなりません。私たちは、被災者が置かれた理不尽な現実に対して、具体的に国や東電の責任を追及するとともに、除染労働者に対する非人間的取り扱いを告発し、問題を社会化して、一つ一つ労働者の権利と誇りを回復する必要があると考えます。

■労働運動や社会運動の方向性やあり方を問い返す中で

　原発事故に至る問題への根本的な問い直しが求められています。そのためには、都市と地方社会、経済的・社会的強者と弱者、持つ者と持たざる者、それらの格差を固定化し利用する差別構造と、この国の近代化プロセスと産業が検証されなければなりません。そのうえで立てられる社会観と政策であれば、原発からの撤退は当然のこと、被災者・被害者を主体とした補償と復興事業が立案され、除染事業の内容や雇用・労働のあり方も大きく違うものになっていたでしょう。

　だからこそ、除染事業の本質と除染労働の現場に現れた問題は、新しい産業ゆえに未整備部分が残っているという話ではなく、原発事故後も問われることなく放置された、この国の産業と労働に横たわる根本的な問題であるといえるでしょう。これまで多くの労働運動・社会運動が放置してきた問題が、この新たな巨大国策産業の中で大規模に再生産され、表出してきていることを、自戒を込めて受け止める必要があります。国・電力会社

に対する批判と行動だけではなく、私たち自身が、これからの労働運動や社会運動の方向性やあり方を問い直すことを迫られているのです。

　本書は、既刊『原発事故と被曝労働』の続編として、私たちが出会った除染労働での問題事例とそれに対する取り組みを報告し、除染事業・除染労働の問題を明らかにするものです。問題構造と労働者の理不尽な使い捨ては、収束作業の労働者が置かれた状況にも共通しています。そのため、本書で記された内容は、除染労働に特有の事例ではなく、収束作業を含めた被ばく労働に共通の問題として理解するべきものであり、その意味でも本書は『原発事故と被曝労働』の続編としての意味をもっています。

　取り組みの事例は、おもに、危険手当の不払い問題が明らかになった2012年夏から2013年にかけての時期に行われたものであり、その時点での問題と運動の課題を整理しました。多くの除染労働者の個別の取り組みや私たちの運動により、除染労働者の状況は少しずつ改善されつつあります。しかし、いまだ重層下請構造に立脚した使い捨てや安全衛生問題は本質的に変わっていません。

　除染労働者の怒りや叫びを、文字を通してできるだけ多くの人に伝えること。労働者であることどころか、人間であることも否定されているような、除染労働者の置かれた理不尽な状況を社会的に明らかにすること。労働者が主体となった闘いの中で、自らの権利を回復し、働く者・人としての誇りを取り戻すこと。そのための闘いが広範に広がり、原発事故被災者や原発のない社会を求める人々とつながること。これらを心から願い、本書を上梓します。

（なすび）

（＊１）除染事業を開始するまでの国の原子力災害対策本部や環境省、厚生労働省などの動向については、既刊『原発事故と被曝労働』（さんいちブックレット007、被ばく労働を考えるネットワーク編）第６章で概観した。

第1章 除染労働者に聞く
——現場の様子、仕事への思い、争議を経験して

　都市生活者や原発事故後に反／脱原発に"目覚めた"人々の眼差しに、被ばく労働者に対する冷淡さを感じることがたびたびある。

　官邸前で繰り広げられた「再稼働反対！」「全原発即時廃炉！」のスローガンに、被ばく労働者の健康と安全、権利を加えてコールしようとした人がいた。だが、被ばく労働にかかわる発言は疎まれた。安全対策も不十分なまま低賃金で被ばく労働に携わっているのに、これでは報われない。

　ではいったい誰が被ばく労働に携わるのか。

　結局、事故前も事故後も、都市生活者らは安全圏に身を置きながら、電力供給と収束作業、除染作業を他人任せにしているかのようだ。彼らの関心は、身のまわりの安心・安全だけなのだろうか。

　事ほど左様に、もっとも危険な現場で働く原発・除染労働者は埒外（らちがい）に置かれたままだ。

　だが、被ばく労働に心を寄せつつも、私たちもまた、被災地の現状や労働者の現状には迫り切れてはいないのかもしれない。除染労働にかかわる人々に、なぜあえて過酷な労働に臨んだのかを聞いた。

■ 東北の復興のためにも働きたかった

外川真二さん（仮名、30代、関西出身）

記者会見で労働条件の改善を訴える

　被ばく労働を考えるネットワークと全国一般労働組合全国協議会は

2012年11月22日、環境省記者クラブで記者会見を開いた。国直轄の除染労働で、本来支払われるはずの「警戒区域特別手当（危険手当）」がピンハネされていたことを突き止め、福島で被ばく労働者の支援に取り組むいわき自由労組とともに除染労働者４人が雇用元と交渉。その結果、未払いだった手当を全額支払わせたことを報告するとともに、国やゼネコンの姿勢を問い、他の労働者に危険手当の存在を喚起するための会見であった。

会見には、争議の当該労働者のひとり、外川真二さんも同席し、経緯を説明した。

「働いている作業員の誰もが、警戒区域内の除染作業に危険手当が出ているとは知らなかった。国から危険手当が出ているらしいとわかり、労働組合として仲間４人とともに交渉し、手当を出させることができた。ピンハネの構造を明らかにして、作業員全員が受け取れるようにしてほしい」

作業服姿で現れた外川さんは、淡々と自らの経験を語り、除染従事者の労働条件の改善を訴えた。除染労働者の闘いが"社会化"された瞬間だ。

外川さんは、12年７月から９月にかけて行われた、福島県双葉郡楢葉町の除染に従事した。雇用元は、元請のゼネコン（清水建設）、一次下請のＩ社を経由した二次下請のＡ社。日当は10,000円という条件だった。

ところが、Ａ社は危険手当が出ることになったと説明しつつ、日当を福島県の最低賃金に相当する5,500円に減額。これに危険手当10,000円を加えた15,500円を支払うと説明した。さらに、ここから以前は控除されていなかった宿舎などの滞在費などを過去にさかのぼって引かれ、実際の手取り額は12,000円にされた。本来なら20,000円の日当であるはずなのに、8,000円が支払われなかった。これがピンハネの実態だ。

外川さんらは、不利益変更を告発して争議を闘い、記者会見で報告したように、最終的には、当初の賃金に危険手当を加えた本来の賃金全額の支払いを勝ち取ることができた。

新宿のハローワークで仕事を見つけて

　外川さんは、関西の出身。日雇い労働者や野宿者などの不安定雇用にある人々の生活支援などに取り組み、自らも建設現場で働いてきた。もともとは原発の是非をさほど意識していなかったものの、大事故に遭遇して反原発デモに参加するようになる。

　「にわか反原発なんです。でも、都会で原発反対を叫ぶことに、どうも違和感があった。震災がれきの処理や原発の収束作業、除染でどういう人たちが働いているのか気になっていた。そもそも建設現場で危険な仕事をしていた。日ごろ"反貧困"と言っているんだから、行かなくちゃ、と。東北の復興のためにも働きたかった」

　さっそく求人誌で見つけた３社に応募したところ、原発関連もがれき処理も、45歳以下は募集していないと立て続けに断られた。だが、震災から１年が過ぎた12年３月ごろになると、年齢を聞かれなくなった。

　ただ、求人元と話がついて、被災地に行けることになったと思ったら、「仕事に入ってもらうのが、１週間延期になりました」「もう少し待ってください」と言われ、いつまで経っても現地に出発できない状態が続くことになる。

　「待機しているうちにお金もなくなってきた。いつ出発してもいいように準備していたので、１日、２日の現金仕事しかできないという状況になってしまいました」

　関西にいて連絡を待つより、少しでも東北に近づこうと、東京の友人宅に間借りして職探しをはじめ、ようやく新宿のハローワークで除染の仕事を見つけた。求人票には、現場が福島県双葉郡楢葉町、日給が12,000円、３カ月契約と書かれていたものの、ハローワークの職員に労働条件を確認してもらったところ、実際は日当10,000円、朝夕食会社負担、寮費なし、当面いわき市湯本の温泉旅館に宿泊して現場に向かう、という条件だった。

　「それでも悪くないなと思って、応募することにしました。翌日、会社から電話がかかってきて、いついつまでに来てください、と。面接はあり

ませんでした」

さまざまな経歴をもつ班の人たち

　さっそく福島に赴いた。外川さんとともに、元自衛官で直前には介護の仕事をしていた60歳の山田さん（仮名）がＡ社に入り、三次下請や個人手配師などを経由して就労した６人とともに班を組んだ。山田さんが班長、外川さんが副班長だ。班員は、最高齢が68歳、若手でも40代だったから、外川さんは最年少だった。

　「ハローワークのほか、新聞の折り込み広告で人を集めていたようですが、それでも集まらず、手配師などいろいろなところに声をかけていたようですね」

　班員６人のうち４人が広島の"人夫出し"経由、宮崎と千葉の２人が個人手配師から紹介を受けていた。本来、除染では三次下請までしか存在しないはずだが、違法派遣がまかり通っていた。

　班長の山田さんは、「自衛隊翼賛話ばかりをする、ばりばりの軍事マニアで国防意識に燃えている人」だったという。

　「現場では指揮ができない人でした。元請の監督が来たら慌てて作業しようとしたり、いなくなったら休憩しようとしたり。みんなうんざりして。日本の軍隊ってこんなものか、本当に軍人かって」

　津波で家を流された宮城の人も元自衛官だった。外川さんが経験した他の建設現場同様、除染の現場は、自衛隊出身者が目立った。借金を抱えている人も多かった。足元を見られたのか、赴任旅費が出ず、給料から天引きされている人もいた。働いている会社の社長から、借金を返すために、除染に行ってこいと"命令"されてやってきた人もいたという。

　なかには、風俗店の店長をやっていて逮捕されたことがあるという同僚もいた。恋仲になっていた店員と店の女の子がけんかをして、女性が警察に駆け込んだら、18歳未満だったことがばれた。そうとは知らずに雇ったその店長は、警察の手入れに遭って捕まったのだそうだ。

日当はばらばら。広島組は9,000円。宮城の人は個人手配師を2人挟んでいたので7,500円だった。
　「彼らは、ハローワークを利用しない。パソコンも使えない。流れ流され、全部人づてで仕事を見つけていた。野宿者の炊き出しで出会ったような人たちと同じ人がここにはいっぱいいた。そういう人たちが除染作業に連れてこられているんだと思いましたね」
　ただ、寄宿したのは温泉宿だったから、風呂にのんびりとつかることができ、食事はよかったという。みんなそれを楽しみにしていたそうだ。

5時起床にはじまる1日のサイクル

　仕事そのものはどうだったのか。まずは、作業開始前の講習を受け、作業場に入る前にゼネコンによる「新規入場者教育」を受けた。
　「いちばん印象に残っているのは、70mSvを被ばくしても、がんになる確率は毎日タバコ1箱吸うほうが高いと言われたことでした。えっ、そんなものなの？　と思いました。オレも1日1箱吸っていましたから。とにかく、テレビで言われるほど恐くないんだよ、マスコミは基本的に恐い恐いと報道する、放射線と放射能の違いもわかっていないんですよ、と強調していました」
　ところが、肝心のテキストは回収されてしまった。あとで確認すると、テキスト代も入札の積算単価に入っていた。本来は、労働者に渡さなければならなかったものだ。元請のゼネコンの方針だったのだろうと外川さんは考えている。
　1日のサイクルはこうだ。朝は5時過ぎに起床。5時半に朝食。6時にいわきの宿を出発。7時過ぎに楢葉町の手前、広野町の現場事務所に着き、7時20分から下請会社の朝礼。7時50分には元請会社の全体朝礼。8時過ぎには車で10～15分ぐらいのところにある除染現場に赴き、作業を開始。夕方5時に現場作業が終わり、宿に戻って班のメンバーらと談笑したり、テレビを見たりして、9時過ぎには就寝した。

楢葉の本格除染には、1日に3,000人前後の労働者が従事したとされている。外川さんが働いていたときは、先行除染だったので、全体朝礼に出ていたのは70人から150人だった。新規入場者教育の際、現場監督から「ここには三次下請までしか入れない」と説明された。下請は6社ぐらいと思ったが、あとで確認したところ、20数社に上っていた。そのほとんどは、名目だけの会社だったようだ。四次、五次、あるいはそれよりも下の企業経由で働いていた人もいたが、存在しない建前になっていた。

ちなみに、外川さんの雇用元の会長は、右翼団体の構成員で、10年ほど前に恐喝で逮捕されたことがあったという。

雨が降れば線量がもとに戻ってしまう……

作業はおおむね、宅地除染（屋根の清掃、拭き取り、ブラシ洗浄、高圧洗浄、庭の表土の除去と土の入れ替えなど）、道路除染（道路や側溝の高圧洗浄、路面の表面の削り取りなど）、森林除染（枝打ち、落ち葉などの集積、草刈りなど）に分かれていた。

「すごい田舎だったので、家と家の間が200mも500mも離れていた。どこまでが庭でどこまでが山なのか畑なのかわからないようなところだった。宅地除染では、鎌を持って、家の庭に生えている草を手作業で全部刈った

路肩に放置された汚染土・草木（楢葉町）
〔写真提供：ふくしま連帯ユニオン・Sさん（以下同）〕

り、引っこ抜いたり。最初はイヤでイヤでしょうがなかった。福島まで来て草むしりかよ、と思って。道路も宅地も側溝のなかの土砂を全部すくったり、重機が入らないところは手作業で土を剥ぎ取って入れ替えたり、レイキ（整地具）で落ち葉や枝葉を掻き出して、フレコンバッグ（フレキシブル・コンテナ・バッグ。防水密閉型の袋）に詰めたりするという作業でした」

　途中からは電動の刈払い機の講習を受け、取扱作業者の資格を取ったので、道路端や畑のあぜ道の小木や草を刈り取る作業に回った。しゃがんで草むしりをするよりも、楽になったという。比較的高線量の山奥の現場では、ハチやヘビが出てきた。真夏だったので熱中症の危険もあった。外川さんは、「ある意味、放射線よりそっちのほうがよりリアルだった」と振り返る。

　外川さんが主に作業した現場は、空間線量が毎時 $0.7\mu Sv$ ほど。これを0.1まで下げるのが目標だと聞かされた。

「一生懸命、除染をして0.2まで下がったんですよ。ところが、現場監督とだべっていたら、『雨が降ったら山から流れてきて線量がもどんだよ』と聞かされた。住宅除染では、家の周囲20m先までロープを張ってそこまではきれいにしたんですが、その先は手つかず。素人感覚でも、もとに戻っちゃうかもとは思ったんです。でも、なんだかんだ言ってもオレら素人だし、それなりに偉い人が除染の手順を考えたことだから、素人にはわからないしくみだと思っていた。なのに、そのとおりなんだって……。急にやる気をなくしましたね。こんな暑い中、オレは何しているんだろう、と」

　雨の降った後、環境省の役人がやってきて、線量が下がっていなかったことから、やり直しになったこともある。自分で手に入れた線量計で測ってみたところ、本当に0.7に戻っていた。「これにはがっかりした」という。

　先行除染というのは、除染の効果を高めるための実験的意味合いがあり、その効果を確かめて本格除染に移るというのが、外川さんの認識だった。しかし、試行錯誤のもと、除染が行われたわけではない。町の中心部の仮

置き場の設置が進まないことから、周辺部から"先行"して除染をしたというのが実態のようだ。

休憩は木陰で。水を飲み、タバコを吸った
　被ばくは、それほど気にならなかったものの、それでも、炎天下、砂ぼこりが舞っているのは気がかりだったという。にもかかわらず、見回りにやってくるゼネコンや環境省の人間がマスクをつけていない姿をよく見かけた。
　「これには違和感があった。マスクなしの半袖姿なんですから。それを見て労働者は安全だと思うんですよ。普通の建設土木の現場とは逆ですよね。元請や発注者が来るから、今日だけはマスクをつけ、服装をしっかりして安全具をつけるようにと言われ、めんどくせぇなと思ってそうするもんなんです。環境省もゼネコンも除染のガイドラインを理解していなかったんじゃないかな」
　争議がはじまってから、加入した労働組合とともに情報公開請求をして、現場で作業経過を記録した写真を確認したところ、ゼネコンの社員がマスクなしで黒板の前で写っていた。環境省は、まったくチェックしていなかったのは明らかだ。「こんなことでは、労働者の安全が守られるはずがない」と外川さんはあらためて思ったという。
　「別の班の人が、もう誰も来ないからマスクを外しても大丈夫だよと言いにくるんですけど、しょっちゅう議論になりました。うちの班は、つけたほうがいいとオレが言っていたので、みんなつけてくれたんですけど」
　ただ、1時間ごとにあった休憩時間には、たがが外れた。休憩場所は用意されていない。めいめい木陰に入り、暑い暑いと言いながらヘルメットやマスクを外して水をがぶがぶと飲み、タバコを吸ったりした。
　「そうなると自分でも意味がわからなくなるんです。休憩で外しているんだから、現場で外しても一緒じゃないかって」
　泥まみれになった作業服は、毎日洗濯していたものの、宿舎には洗濯機

が少なく、同僚らは、そのまま部屋に放っていた。安全靴の泥を落とさず、車の中には土が溜まり続けた。

「意識がどんどん薄れていく。逆に言うと、完璧にできないようになっているんですよね。マニュアルがザルというか。そのマニュアルも回収されているわけだから、読み返すこともできない。でも、いちいち現場監督に聞けない。そんなの線量低いんだから気にするなという感じだったし」

労働者が手を抜いたわけじゃない

"手抜き除染"もあったという。作業中、落ち葉が川に落ち、川が汚染されないだろうかと心配になった。どうすればいいのか監督に尋ねたところ、「ていねいにやってくれるのはいいけどさ、そのへんのものは川に落としちゃえばいいじゃない」と言われた。

側溝を高圧洗浄していたときはこんなことがあった。本来は、側溝の先に土嚢を積み、バキューム機を横付けして水を吸い上げなければならない。ところが、洗浄をしながら排水路まで来たら土嚢がなく、そのまま川に流れていた。かたちだけバキューム機が置いてあり、動いていないこともあった。

「えっ？　て思いましたよ。除染じゃなく、ただ押し流していただけだった。高濃度のところはちゃんと水を回収していたけど、現場監督がいいと思ったところは流していた。労働者が手を抜いたわけじゃないんです。ゼネコンや環境省がマニュアルを理解していないからなんですよ」

被ばく線量の管理もおざなりだった。各自ガラスバッジをつけていたものの、線量がリアルタイムでわかるポケット線量計は１班に１台だけ。現場作業が終わって事務所に帰ると、パソコンに各自の被ばく線量を打ち込むものだが、その線量は班長の持っている線量計の数字だった。同じ班でも作業内容によっては、１日に１〜２μSvの差は出ていたはずだという。

危険手当の額が人によって違うのはどうして？

　危険手当の存在を知ったのは、12年8月末のことだ。

　旅館に帰り、いつものように同部屋の人と風呂に行こうとロビーに下りたら、めったにやってこないA社の社員がいた。外川さんが「ああ珍しいですね」と軽口を叩いたら、「みなさんにお話がありますから集まってください」と言われた。

　社員は「みなさんに危険手当が出ることになりました。7月にさかのぼって支払います」と言って、全員の明細が書かれた書類を回覧した。自分のところだけ見るようにということだった。それとともに、金額の書かれていない受領書を渡され、サインをするように求められた。外川さんの欄には、7月は11日勤務で、危険手当22,000円と書かれていた。

　「1日2,000円出るんだ。ラッキーと思ったんです」

　ところが、ちらりと同僚の明細を見たら、広島の人は11日で2,000円、宮城の人は10日で1,000円。外川さんは、あれっと思い、「これ間違いじゃないですか。額が合いませんよ。そもそも危険手当ってなんですか」と尋ねた。

　すると社員は、「みなさんは警戒区域を通って仕事に行くから国から危険手当が出るんです。これは国の税金から出ているお金です。会社が勝手にいじっちゃいけないお金なんです」と答えた。

　「でも、人によって金額が違うのはどうして？」

　「あなたはうちの直雇用だからちゃんと払っているんですよ。他の人は下請けだから」

　「税金だからいじれないというなら、言いたかないけど、親方さんがピンハネしているんじゃないですか」

　こんなやりとりになった。部屋に戻ると、従業員同士、これは怪しいという話になった。人によってなぜ10倍も違うんだ、そのうえなぜ白紙の受領書を書かせるんだ、と。

　外川さんは、その日のうちに自分のノートパソコンに「危険手当」と文

字を打ち込んで検索してみたら、環境省のサイトに、警戒区域や避難指示解除準備区域などでの作業には、労賃とは別に1日10,000円の危険手当が出ると書かれているのを見つけた。

「わが目を疑いましたよ。何回もモニターを指さしながら、一、十、百、千、万と数えました」

「納得できないなら一次下請に払ってくれるよう話をしに行け」

翌日、環境省に「危険手当は国が出しているのか」と問い合わせた。

「電話に出た職員は、きょとんとした感じで『はい、そのとおりですよ』と。よく調べてほしいと言ったら、折り返し電話をくれて、『そこは除染特別地区なので1日10,000円の危険手当が出ています』と。『各企業がいじっていいお金なんですか』と聞くと、『いえ。一次下請から二次下請に行くと減ったり増えたりするものではありません。賃金とは別にきちんと払われるものですよ』という説明でした」

外川さんは8,000円がかすめ取られ、広島や宮城の人は9,800円から9,900円をピンハネされていた。いや「ピン」とは1割のことだから、常識外れの上前をハネていたことになる。

その後、社長との話し合いが行われた。社長はこう説明したという。

「一次下請から下りてくるのは、1人当たり19,000円だった。危険手当が出ることになってからも22,000円しかもらっていない。いまの基本給プラス10,000円なんてとても払えない。だからいろいろやりくりして日当を下げてそこから寮費、宿泊費を払ってもらう。オレは嘘もなく全部話した。それで納得できないなら一次下請から払ってもらうしかないよ。不満ならお前ら、仕事を休んで一次に話をしに行け」

社長は、集まった労働者の眼の前に差額の入った封筒を置き、「納得した人ははんこを押して。その場で渡すから」と言った。受け取る人も現れた。

労働組合としての団体交渉ではない。有志の交渉でしかなかった。部屋

に戻ると、「入って数カ月の人間が社長に文句を言うのはおかしい」「外川君の言っていることは正しいと思うけど、揉めたら次の現場に行かせてもらえなくなるよね」という声が出たり、「オレは納得できない」「実は私、労働組合にかかわったことがあるんですよ。あのころの自分を見ているようだね」と言ったりする人もいた。

「闘争資金」と書かれた封筒

　結局、全員でまとまることはできなかった。だが、隠密行動の末、仲間を増やし、外川さんを含む4人が全国一般全国協議会傘下のいわき自由労組に加盟した。詳しい交渉経過は別項（80頁）に譲るが、先行除染の現場が終わった12年9月以降も、交渉相手に上位の一次下請を加えて団体交渉を継続し、11月にはもともとの基本給プラス10,000円の危険手当の支給を勝ち取った。

　ただ、組合に入らなかった人たちは、減額された基本給プラス10,000円から滞在費を引かれ、当初の基本給とさほど変わらない手取りになってしまった。時効前には、組合宛の委任状を書いてもらって差額を要求できるよう、働きかけを続けているところだ。

　「交渉をしている最中は緊張しましたけど、いま考えると楽しかったですよ。まさかこんな面白いことがあるなんて。鎌田慧の本や三池炭鉱の本で読んだことがあるなあという感じで。人間ってわからないなと思ったのは、明日、組合を公然化して争議になるってとき、組合には入らなかった班長の山田さんがへらへら笑いながら『そんなことやっても意味ないよ〜』と言っていたのに、団交後、突然封筒を持ってきて、『はいこれ』と渡そうとした。『闘争資金』って書いてあるんですよ。いや、いいよ、いいよ、と断ったんですけど、いま考えると、悪いことしたなと思う。受け取っておけばよかった」

　別の班の人は、組合宛の委任状を書くとき、はねるところを間違えたり、線が1本多かったり、たどたどしい文字だった。

「そのときはじーんと来ちゃって。こういう労働者とオレは一緒にやっているんだなと」

外川さんは、いまもいわきに残り、いわき自由労組の一員として被ばく労働者の労働条件の改善に取り組んでいるところだ。

除染という限られた期間内の仕事で、自分に何ができるのかに挑戦したい

熊町栄さん（仮名、40代、北海道出身）

熊町栄さんは、福島県田村市都路や楢葉町、川俣町など国の直轄除染に携わってきた。都路の現場では、危険手当のピンハネ問題を解決するために、労働組合を組織して先頭で交渉にあたった。楢葉の除染現場では、簡易なマスクしか渡されず、安全衛生に配慮するよう雇用元に求めたものの対応してもらえず、思いあまって環境省に告発した結果、解雇され、全国一般ふくしま連帯ユニオンやいわき自由労組、被ばく労働を考えるネットワークとともに争議を闘い、解決するに至った。

熊町さんは、福島に来るまでは労働組合とまったく縁がなかった。その熊町さんを駆り立てたのはいったい何だったのだろうか。

震災後、自動車関連の部品工場で人員整理に遭って失職

熊町さんは、職業訓練校の配管科を卒業した。その後、豊田市や三重県などに暮らし、派遣会社経由で工場に勤めたり、建設現場で肉体労働をしてきた。現場仕事一筋だ。

「ただ、いろいろ人間関係がありまして、職が定まらない状態でいたんです。そんなとき、群馬で下水道の清掃とか調査とか補修の仕事に就いたら給料もよく、家族的な雰囲気だったので職場になじみ、11年間勤めま

した。その間、結婚もしました。ところが長く勤めると、それなりの責任ある部署につけさせられ、現場を仕切ったり、役所との折衝をしたり、そのうち会社と役所、住民の板挟みになり、苦しくて仕事を辞めたんです。会社を辞めると同時に家庭も安定せず、借金もしたり。結局、どうも人間関係が得意じゃないんですよね」

地縁も血縁もなかったものの、心機一転、富山の自動車関連の部品工場に行こうと決めた。ところが、つれあいから「私、もうついていけない。別れます」と告げられた。経済的に安定せず、子どもがほしいという彼女の期待に応えられなかったのも離婚の一因だったという。

富山では、条件のいい職場を探しながら、会社を渡り歩いた。東日本大震災の直前には、アイシングループの車のエンジン関連の部品工場で働いていた。あと１カ月頑張れば、派遣から準社員に引き上げられ、借金も一気に返せそうな見通しとなった。

「以前も自動車工場のラインで休憩なしで働いたことがあり、つらい仕事だというのはわかっていた。でも、機械をいじるのがけっこう好きで、マシンオペレーションという仕事に惹かれた。そこそこ時給もよく、気に入って働いていたんです。それが３.１１で……」

震災の影響で部品の生産ができず、人員整理が行われ、熊町さんは解雇されてしまった。熊町さんは、もとの状態に戻ったら、また雇ってほしいと頼んだものの、「また何かあって人員整理をすることになってしまったら申し訳ないので、出戻りは勘弁してほしい」と言われた。

解雇後、再び職探しをしたものの、他の工場も生産は低迷したまま。それなら、被災地のがれきの片付けや津波に見舞われた家屋の解体作業など外仕事に行こうと考え、ハローワークに通った。

待機、待機、待機……

「日給が15,000円とか20,000円、募集人数も30人とか100人単位であり、応募しまくったんです。ところが、ぜんぜん仕事がはじまらない。がれき

の仮置き場がいっぱいで、片付けても置くところがないからダメだとか、宿がどこもいっぱいで泊るところがないから、しばらく待ってくださいとか」

　その間、２カ月ほど、富山のバスの組み立て工場で急場をしのいだ。

　これが終わり、2011年末になると、応募した覚えのない会社から電話がかかってきた。

「いついつぐらいまでに来られるように準備してくださいとか、３社ぐらいから何回も何回も連絡が来ました。そのときはじめて除染という言葉を聞きました」

　除染労働の知識はなかったものの、話を聞いていると、水を使って壁や道路を洗うらしく、下水の仕事で高圧洗浄をしていたときの経験が生きると考えた。

「でも、来るようにと言われた日の直前になっても連絡が来ない。こちらから連絡すると、いま宿がいっぱいでとか、元請の受け入れ態勢ができていないとか、なんだかんだ言い訳がはじまって」

　もう決まったと思い、住んでいた部屋の解約手続きをしようとしたら、おじゃんになったこともあった。

「これはまずい。待機状態のまま、まただらだらと引き延ばされると思ったんで、いままで転々とした会社の離職票を集めて、それでなんとか３カ月ぐらい、春までは失業保険で過ごしたんですよ」

　その後も、決まりかかっては、先延ばしになるということが続き、派遣で食いつないだ。ようやく除染の仕事が本決まりになったのは2012年９月になってからだ。

「１日12,000円で仕事があるので来ませんかという電話でした。四次下請になるＦ社でした。今度も、だらだらと引き延ばして人をキープするだけかと思ったら、１週間後、資料を送ってきましたね。これで福島に行くことになりました」

辞めたくても戻るところがなかった

　ただ、この会社でも２度、引き延ばしに遭った。さすがに頭にきたという。10月３日、福島県小野町に集合し、指定されたいわき市のはずれ、鬼ヶ城という宿に出向くと、なぜか宿の主人はそんな話は聞いていないということだった。そこにＦ社の上、三次下請のＤ社の担当者がやってきて、この会社が持っていた古民家に連れて行かれた。床は穴が空き、壁からはすきま風が吹き、虫がわき出してくるような建物だった。凍えるようにここで１週間を過ごし、その後、本来の宿である鬼ヶ城のバンガローに移り、さらに１週間待機した。集められたのは９人だった。うち２人が帰ってしまった。

　仕事の説明会に出向くと、Ｄ社の現場責任者が現れ、「お前らどこの会社だ」と尋ねるのでＦ社と答えると、「そんな会社聞いたことねえよ」と言われ、いったいどうなっているんだと一時、騒ぎになった。ここではじめて雇用手続きが行われ、次は新規入場者教育とＷＢＣ検査（就労する際に行うホールボディカウンターによる内部被ばく検査）をするという話になったものの、さらに１週間待機させられた。

　「待機期間は酒を呑んでばかりの人もいましたね。説明会では、賃金額が入っていない契約書が出てきたんです。そんな契約書にサインできるかとまた２人が抜けて、結局残ったのは５人でした。いままでのパターンだったら自分も確実に辞めていましたね。でも、富山の部屋を引き払い、辞めても戻るところがない。お金もない。ここにいるしかありませんでした」

装備は、マスク以外は自分で用意

　実際に仕事がはじまったのは年も暮れようとするころ、現場は田村市都路だった。

　ヤッケを着て、俗にいうアヒルチャンマスクをつけ、保護めがねをして、革手袋をはめるという出で立ちだ。しかし、会社はほとんど装備を準備していなかった。マスクは元請のゼネコンが支給し、あとは全部自分で用意

した。作業は山での草刈り。にもかかわらず、ゴム手袋の人もいた。熊町さんは、震災以前に同じ山作業だった森林組合で働いていたことがあり、その経験が役に立った格好だ。

「でも、被ばくのことがよくわかっていなかった。当時はそんなもんだろうと思いながら、でもなんかおかしいなと思っていましたね。放射線は目に見えないし、何も問題がないのなら、特殊勤務手当なんか必要ないでしょう？　草刈りの後は、集草、草や落ち葉を集める仕事になったんですが、表土も若干削れてくるんですよ。入場者教育のときに、除染のやり方のDVDで見た表土５センチは線量が高いという説明を思い出し、だんだんと心配というか不安になってきましたね」

汚染土・草木の一時保管所（田村市）

そのころ、楢葉の先行除染で働いていた外川さんらが「危険手当」を満額支給させたというニュースが流れ、熊町さんは、あとから新規入場した同年代の山形さんやほかの下請の人々とともに、ふくしま連帯ユニオンに相談し、組合づくりをはじめ、争議を起こすことになる。三次下請のD社だけでなく、二次のO社、一次のK社、元請の鹿島建設JV（ジョイントベンチャーの略。共同企業体）、そしてO社の親会社である東京電力に攻め上った（詳しい経緯は84頁参照）。

楢葉の本格除染へ——"手抜き除染"に疑問

　田村市の仕事は12月いっぱいで終わり、D社との関係は切れた。タイミングよく、現場で知り合った人が「今度は楢葉で本格除染がはじまる。来ないか」と誘ってくれた。現場に入ったのは13年2月だった。ゼネコンの前田建設工業の下の、G社のそのまた下の、二次下請になるT工業に雇用された。危険手当込みで15,500円となったが、宿舎代などが控除され、手取りは以前とほぼ同じ額でしかなかった。

　楢葉の現場作業でも矛盾を感じた。

　現場監督は、なるべく土を削るなと指示した。線量が高くなるからだ。

　「木の根を引っ張ると土もくっついてくる。線量が上がるので触るな、と。除染をしたあと線量が上がるのはこういうこと。草刈りも集草、表土剥ぎ取りをやっていても、ポーズみたいで、いつも自分のなかで不満だった。何のための除染なのか、いったいどうすればいいのかと思いましたね」

労災事故が起きた！

　そんなとき労災事故が起きた。2013年3月22日のことだ。除染で刈り取った木の枝の容積を減らすために細かく裁断する圧縮梱包室で、51歳の労働者がトラックを誘導していたところ、脇から走ってきた油圧ショベルカーの走行用ベルトに右足を挟まれ、出血性ショックで亡くなった。除染現場で労災による死亡事故が起きたのはこれがはじめてだった。安全確認のために、現場は1週間休止した。

　作業再開となった日、T工業の親会社、G社のもとで働く従業員を集めた朝礼で、G社の責任者が「死亡事故があったので作業の見直しや手順をしっかり確認し、確認を終えた者は、KY（危険予知）ボードにサインをするように」と申し渡した。しかし、熊町さんはおざなりな説明と感じ、抗議した。

　「元請のJVは、手順と危険箇所を周知徹底して納得したらサインしてくれと言っていた。G社は、こういうところが危ないと言うだけで、詳しい

説明をしなかった。説明していないのにサインなんてできないと言ったんです」

熊町さんは「サインができないなら帰れ」と告げられ、そこにJVの人間がやってきたので「周知徹底もされていないのに、いつもの適当な説明でサインせいと言ってきた」と訴えた。その結果、事務所で周知徹底のための場を設けることになった。

「尊い命が失われた直後だから、みんな安全に対する意識をもうちょっと高めないと、亡くなった人が浮かばれないと思ったんです。対応してくれたのでサインはしました」

ところがその後、熊町さんは、直接の雇用主であるT工業の責任者に呼び出しを受ける。

「G社がJVの前で恥をかかされた。お前、どう落とし前つけるんだという話でした。そのとき、オレ解雇されるのかと思いました。でも、結局、おとがめなし。G社も落ち度があったのだから、大目に見るということになりました」

ところが、いままでの現場を外され、別のところに移された。「何度か問題を起こすと部署を変えるという風潮があるらしく、ほかの現場でも、環境省の人間に一言二言文句を言ったら、翌日にはほかの現場になった人がいた。オレに対してもこういうことをやるのは当然かなと思った。嫌がらせですね」と熊町さんは振り返る。

粉塵が舞う仮置き場での作業

異動した現場は、仮置き場の汚染残土をフレコンバッグに詰める作業だった。土は線量が高く、放射性物質がより多く舞うので、タイベックス（防護服）を着ることになった。防塵マスクとゴーグルも用意すると説明された。

しかし、いつまで経ってもマスクは支給されなかった。熊町さんは、たまたま機密性の高い防塵マスクを持っていたので急場をしのいだ。しかし、

袋詰めを一緒にやっている相方は、風邪用のマスクだけで作業をするしかなかった。

「乾燥した土をユンボですくって入れるときに粉塵(ふんじん)が舞うんですよ。目は開けていられないし、呼吸も苦しくなる。相方の様子を見ていて、この状況では、確実に内部被ばくをするだろうなと思った。ところが1日経っても2日経っても、支給してくれないんです。マスクはどうしたのと聞いたら、今日持ってきますから、と。でも持ってこない。2日後、まだ来ないじゃんと言うと、マスクの担当に言ってみます、と」

熊町さんは気が気でなかった。「見えない放射能相手の仕事だから、大げさな言い方をすると、1分1秒でも早く対応してほしいんですよ。一呼吸するたびに放射能が入って内部被ばくするというイメージがあったんで。相方も危機感があったと思います。でも、問題提起するとすぐ解雇という現場だったので、相方はおとなしくしていた」と言う。

思いあまって、JVの副所長に「汚染土の詰め換えをしているのに、マスクを出してくれないのはどうしたことだ。はやく用意して」と訴えた。副所長には「そうなんだ」と聞き流され、さらに数日が過ぎた。

「誰だ、環境省に電話を入れたのは！」

「相棒は相変わらず安いマスクで仕事をしていた。これだけ言っても出してくれないので、もう我慢ができず、午前中の休憩時間に、直接環境省の福島環境再生事務所浜通り南支所に電話をしました。『楢葉の第二仮置き場で働いているんだけど、すごい粉塵が舞っている。環境省さんも知っていると思うけど、汚染土はすごい線量が高いよね。安いマスクで働かされているから、とにかくG社を指導してくれ』と話しました」

その結果、昼食後にJVの担当者の人間がマスクを持ってきて、「遅くなってごめんね」と謝った。しかし、一緒にやってきたJVの責任者は、マスクを用意するようにと環境省が指示したファックスの文書をかざして、「誰だ、環境省に電話を入れたのは！」と怒鳴りはじめた。

「マスクが必要なのは2人しかいない。相棒は『ぼくじゃないです』と言うので、とぼけてもしょうがないので、私ですけど何か？　と言ったら、お前ちょっと来いとプレハブの詰め所に連れていかれて、30分間説教ですよ。お前、何を考えているんだと」

その最中に、マスクを請求したのに持ってこなかったG社の担当者もやってきた。熊町さんが「お前のせいでこうなったんだ」と言ったら、その人がJVに謝り、それでJV側はG社の不手際だったと納得し、「全部水に流して、明日からけがをしないよう、安全に仕事をしてくれよ」と言ったという。G社の担当者も、熊町さんに「申し訳なかった」と謝罪した。

しかし、これで終わりとはならなかった。G社の幹部は、T工業に対して「お前のところのヤツがまたやらかした」と叱責。T工業の従業員に対しても、「こういうことがあったんで、今日はみなさん帰ってください」と告げた。

熊町さんは、今度こそ解雇されると覚悟した。いわきの宿舎に帰る途中、環境省の支所に「おかげさまでマスクを支給されました。ありがとうございました。でも、そのおかげで私は解雇されそうです」と電話を入れ、そのまま切った。

軟禁・難詰、そして解雇

宿舎では、2時間にわたって難詰された。「直接環境省に物言うようなヤツとは恐くて一緒に仕事ができない」とG社から申し渡されたので解雇する、という話だった。熊町さんは、絶対辞めないと頑張りつつ、雪隠詰めから抜け出そうと、田村市の争議の際に加入していた郡山のふくしま連帯ユニオンの鈴木利明さんに携帯電話からメールで状況を伝え、鈴木さんはいわき自由労組の書記長、桂武さんに電話で救出を頼むことになる。

「鈴木さんは『いま熊町さんが軟禁状態だから救い出してくれ』と連絡したそうです。それを桂さんは『監禁』と聞き間違えて、大急ぎで来てくれました。桂さんが『十分話をしたのだからもういいでしょう。本人もか

なり参っている。とにかくいったん熊町さんをこの場から離れさせてください』と説得してくれ、向こうも『じゃあ１時間だけ』と言ったので連れ出してもらうことができたんです」

残った同僚らは、翌日、全員休まされ、翌々日に別の現場に移された。いつもの嫌がらせだ。仲間の何人かからは「おかげできつい現場に回されたよ」というメールが届いた。「よかれと思ってやったんですけど、へこみましたね」と熊町さんはいう。

問題を起こすとブラックリストが回って働けなくなる⁉

その後、解雇撤回のために労働組合とともに交渉した。熊町さんはT工業、G社を前に「絶対に辞めない」と主張したものの、最終的に退職を受け入れ、金銭解決で終結した。

「本当は戻りたかった。でも、途中からはやく解決したくなった。解決しないと次の動きも取れないし……」

争議後、気持ちを落ち着かせるために、実家のある北海道に帰り、その後、派遣会社経由で石川県の職場で働いた。福島で職探しをしなかったのは、除染現場で問題を起こすと、企業にブラックリストが回って働けなくなると聞いていたからだ。実際、５、６社に履歴書を送ったところ、「今回は申し訳ありません」と言われ続けた。ところが、そのうちの１社が特定避難勧奨地点に指定されていた川俣町内の除染作業に携わってほしいと連絡してきた。楢葉の現場とは異なるJVだった。

「せっかく田村と楢葉で除染作業員の置かれている現実を訴えてきたので、中途半端で終わらせず、また除染に入ろうと決めました」

マイクを握って会社に抗議するなど今までの人生では考えられない

熊町さんは、なぜいままで縁のなかった福島にこだわるのか。「結局、金だろ」と言われることもあったという。しかし、「人前で話せなかった人間が、労働組合の活動でマイクを握って抗議するとか、今までの自分の

人生では考えられない。そういう意味ではそうとう頑張っていると思いますよ」としみじみ語る。それとともに、強い使命感を抱く。

「可能なら最後まで見届けたい。たしかに除染作業をやっても線量は下がらないけれども、下がらないなかでも何かできることがあるんじゃないか、除染作業することで避難している人たちの慰みや気休めになっているんじゃないか、何もしないで放置しておくよりはずっといいんじゃないか、って思うんです。除染という限られた期間内の仕事で自分がどれだけのことができるのか、あえて挑戦しているところがある。それとともに、除染作業員の待遇の悪さを何とかしたい。かといって、突出して頑張りすぎると自分が切られちゃう。そこが難しいんですが……」

熊町さんのような労働者が割を食わないよう、除染労働の改善は急務である。

この時代に当事者として生きているんだから、少しでも地域貢献ができれば

山形健司さん（仮名、40代、青森県出身）

山形健司さんは、青森県から福島にやってきた。田村市都路の除染現場で熊町さんらと出会い、全国一般ふくしま連帯ユニオンに加入して、ともに危険手当の支給を求めて闘った。その後、郡山市、白河市の宅地除染、葛尾村の国直轄除染に携わり、現在は、中通りの自治体発注の除染作業に従事しているところだ。

山形さんとは、郡山市の南隣、須賀川市で会った。浜通り出身の私にとって、はじめて訪れた街だった。あいさつがてら「こんなに閑散としたところだとは思わなかった」と話すと、山形さんは「福島県人じゃないのに、いろんなところを回ったので、地理には詳しくなりました。同じ福島でも

中通りと浜通りはあまり交流がなかったみたいだから、それぞれの街の様子は私のほうがよく知っているかもしれませんよね」と相好を崩した。

8畳の部屋に4、5人が押し込まれ

山形さんは、実家のアパート経営の手伝いをしたり、友人に頼まれて現場仕事に行ったり、乗り捨てのレンタカーの回送の仕事をしたりと、さまざまな仕事を経験してきたという。

福島にやってきたのは、草木の剪定(せんてい)の求人をハローワークで見つけたのがきっかけだ。

「そのときは、除染とは思わなくて。青森でも道路の草取りとかの仕事があるので、福島だからやっぱりこういう仕事があるんだなと思ったんです。場所もいわき市となっていたんですよ。じゃあ行ってみようかなと応募しました」

求人元は津軽に本社があるJ社。「建設会社を名乗り、人材派遣もやっていますという感じでした。面接に行ってみたら、普通の田舎の古民家でした」。後に争議となる三次下請のD社の「下の下のその下の六次下請」だった。

日給12,000円、朝夕食付き、部屋代込みという条件になった。青森からは、一緒に働くことになった弘前の人らを拾い、福島に向かった。ガソリン代、高速代は半額を会社が持つということになっていた。着いたのは、いわき市の鬼ヶ城という山深いキャンプ場内のバンガロー。前出の熊町さ

除染労働者の宿舎となったキャンプ場のバンガロー（いわき市）

んは、その３週間前に赴任していた。

「いわきというと、常磐ハワイアンセンターのイメージだったんですよね。まさか山のなかとは思っていなかった。びっくりしましたよ。そのうえ８畳の部屋に４、５人が押し込まれた。荷物だけでもいっぱいいっぱいなので、ひとりは押し入れの中で寝たり」

青森から一緒に来たのは９人。若い人で36歳、もっとも年がいっていた人は70歳近かった。その９人が２部屋に分かれた。他の下請も含め全体では、多いときで12部屋に労働者が寄宿していた。仙台や東京の人もいた。

除染の仕事だとわかったのは、福島に着いてからだ。

「面接では、葉っぱを集めるだけという説明でした。ただ、現地で除染の仕事だと聞いても、強い抵抗はなかった。交通費もかかっていたし、このまま帰るのもやだなと思って」

「のり面の作業はつらかった」――森林除染の仕事

１週間ほど無給の待機期間があり、その後、仕事に就いた。最初の現場は、田村市都路。"酷道"の別称をもち、阿武隈山地を縦断する国道399号線と、双葉町と郡山市を結ぶ地元ではニイパッパと呼ばれる国道288号線の交わるあたりだ。

「のり面（斜面）の作業はつらかったですね。作業の意味がわからず、言われたままやっていた。落ち葉をかき集め、草を刈る。４ｍの木があれば、下から２ｍまで枝を落とす。10ｍの木なら４ｍ。それ以上高い木でも４ｍまで。その後、自動化された機械で集めた草と木をミキサーのようなものでおがくずのようにチップ化してフレコンバッグに詰めるというのが、森林除染の流れでした。都路では、普通の作業着にサージカルマスクでしたね」

自治体が発注した郡山、白河の住宅除染を経て再び国直轄の葛尾村に入ったときは、粉塵マスクに変わっていた。除染電離則（95、117頁参照）

にのっとるようになったからだろうと山形さんはいう。

全員が手取り16,000円受け取れるようにしたかった

都路の除染に携わっていたとき、危険手当の支給が行われていなかったことがわかった。熊町さんらとともに労働組合を組織し、過去にさかのぼって未払いの危険手当や残業代相当額を支払わせることになる（84頁参照）。

ただ、争議では心残りがあるという。

「自分が考えていた最終形は、組合で動いた人だけでなく、いま働いている人全員が何も引かれずに16,000円を受け取れること。それがベストです。できれば基本給10,000円、危険手当10,000円、合わせて20,000円から社保が引かれ、手取り16,000円ぐらいになるならそれが理想型ですね。挽回は無理かもしれませんが……」

宅地除染の現場で——これまでの経験が生きている

山形さんはいま、中通りで除染組合を構成する1社の社員となった。知り合いを通じて、除染の経験がない会社が元請になったので、入ってくれないかと頼まれたからだ。管理者として新規入場者教育に携わり、宅地除染を指揮する。自治体との折衝も山形さんの仕事だ。国の直轄除染で経験したり、見聞きしたりした矛盾を反面教師に、山形さんなりに最善を尽くそうとしている。

「会社の姿勢でぜんぜん様子が違った。下請会社によっては、作業員を人とも思わぬ対応だった。一作業員には細かい説明を一切しない。質問するときは代表だけ。一人一人が質問しちゃいけなかった。質問しようとすると、なんでそんなこと聞くのか、お前に関係ないだろう、と尊大な態度でしたね。自分たちは、言われるままの仕事でした。まあ馬鹿な質問をしちゃうこともあるんです。書類に書く名前のふりがなは、カタカナがいいんですか、ひらがながいいんですか、と聞いちゃったり」

山形さんが実際の作業手順の基礎を学んだのは、都路・葛尾を経たあと

に入ったゼネコンS社の現場だった。「意見を言うと、次々改善されていった」そうだ。元請として入った会社では、その積み重ねが生きているという。

さまざまな改善策を提案しながら

「一作業員ではできなかったんですが、いまは発注者の役所にサージカルマスクではなく粉塵マスクにしますと言えるようになった。3M社の粉塵マスクは1個300円、それを1日に2回3回と取り替えるんですよね。コスト面で考えると、はるかに安いサージカルマスクに流れちゃう。働いている人みんなの安全のためには、間違っていることをやっていたら、オレが改正することができるんですよ。作業手順も、こういうやりかたをしていちゃ線量下がらないですよと役所に言って、変えることもできます」

たとえば、仮置き場で地下埋設する場合、ブルーシートにくるんで埋めれば大丈夫だと思われていた。しかし、山形さんは「これでは3年持たない。遮蔽(しゃへい)シートにくるまないとダメ」と提案し、改善することになった。

宅地除染では、雨樋(あまどい)を除染した後、表土を剥いだり、穴を掘ったりする「土工」を行い、最後に水で高圧洗浄するという工程にしているところがあった。

「この順番では、最後に出てくる汚染物質を処理できなくなるんです。洗浄のとき、きれいな水と汚泥に分けるんですが、その汚泥はどうするの？ということ。土工を最後にすれば埋められるんです。この手順が村々によって違う。知らないんですよ。これも変えることができました」

しかし、労働条件は悪くなる一方、責任だけが重くなったと感じている。なぜそれでも除染に携わるのか。

「震災や原発事故は、いまはただのニュースですが、いずれは教科書に載るような歴史になる。せっかくこの時代に当事者として生きているんだから、できるだけ復興にかかわっていこうと思ったんですよ。実入りが少なくても、一般の作業員がやれないことをやろう、と。ほんの少しですけど、地域貢献ができると思っています」

第1章　除染労働者に聞く

　　　　　＊　　　＊　　　＊　　　＊

　ヤクザがらみの企業を相手に、別の現場で争議を闘っていた秋田県出身の50代の労働者にもゆっくり話を聞こうと思っていた。東北人らしい朴訥さをにじませた、親分肌の人物だった。同じ職場の仲間ふたりをリードして団体交渉に臨み、歯に衣着せぬ物言いで経営者に迫る姿に、私も大いに共感するものがあった。

　あるとき彼が「除染の現場でこんなひどいことばかりやっていたら、福島のイメージも悪くなっちゃうよ」と漏らしたことがあった。いたたまれない気分になった。福島県出身であるのに、私は原発事故の収束作業にも除染労働にも携わっていない。あえて他県から除染労働に従事している人々に、こんな理不尽な目に遭わせてはならないと思わずにはいられなかった。

　その人は、志半ば、大動脈瘤破裂で亡くなった。無念だったろうと思う。思いを伝えられなかったことに、私の心も痛む……。

　話を聞いた外川さん、熊町さん、山形さんらは、それぞれに事情を抱え、さまざまな経緯で除染労働に就いていた。共通するのは、おかしいことはおかしいと声をあげ、使命感をもって労働環境の改善に力を尽くしたことだ。このような取り組みなしには、国もゼネコンも下請も自らの誤りを認めることはなかったであろう。

　声をあげられないまま、過酷な環境で除染労働に従事している人々はまだまだいる。話を聞いたのは福島県外の出身者のみとなったが、実際の除染労働者は県内の人々のほうが多い。地元ゆえに雇用元との関係や人的しがらみを抱え、声をあげづらい状況である。さらに、多くの人々とともに闘いを広げ、除染現場の労働条件や労働環境の改善を進めていければと思う。

（長岡義幸）

第2章 除染労働の実態

就労構造の問題

■多重下請構造と偽装請負・違法派遣

　環境省による特別除染地域の除染事業は、現地事務所である東北地方環境事務所福島環境再生事務所により市町村単位で発注され、競争入札によりゼネコンJVが受注しています。元請(元方事業者)であるゼネコンJVは、建設業で用いていたのと同様の多重下請関係を用いて除染業務を行っており、図2－1に示すような重層的下請構造になっています。このうち、施行工程表に出てくる正式な業者は三次下請までで、表向きは四次下請以下はないことになっています。一次下請、二次下請など上位の請負は業務内容によって異なる業者に振り分けている面もあるでしょうが、四次以降の下請は実際には何ら現場業務を行うことなく、事実上、人を送り込むだけの人夫出し業者・人入れ業者になっています。そのような人夫出し業者・人入れ業者のかなりの部分が、業務実態がなく法人登記もない業者で、事務所とされている場所に赴いても、看板もなく人もいないことが少なくありません。

　工程表に出てこない業者が請け負っているのはまずいので、労働者は三次下請までの業者に雇用されていることになっています。実際、雇用した末端の業者ではなく、三次までの業者が現場で指揮・命令しています。工程表に現れていない業者に雇用されながら、指揮・命令が上位業者の者によりなされていれば、それは偽装派遣です。また、自分の裁量で仕事をし、仕事の完成により報酬が支払われるのではなく、指揮・命令下で労働を行い給与を受け取る関係であれば、それは偽装請負です。

また、建設業務、すなわち「土木、建築その他工作物の建設、改造、保存、修理、変更もしくは解体の作業またはこれらの準備の作業にかかわる業務」は、港湾運送業務などとともに、労働者派遣が認められていません。除染作業のほとんどが建設業務の準備作業とみなされているため、除染事業での多くの業務では労働者派遣は違法であり、除染の現場作業に人夫出し・人入れを行うこと自体が違法派遣です。さらに、これらを行っている末端業者は、一般労働者派遣事業を行うための厚生労働大臣の許可をもつところなどほとんどありません。非公然の人夫出し業者が何重に関与しているのか、自分を雇用しているのが何次下請なのか、労働者自身も知らないことも少なくありません。

　除染労働の末端では、ほとんどこのような偽装請負・違法派遣がまかり通っているのです。

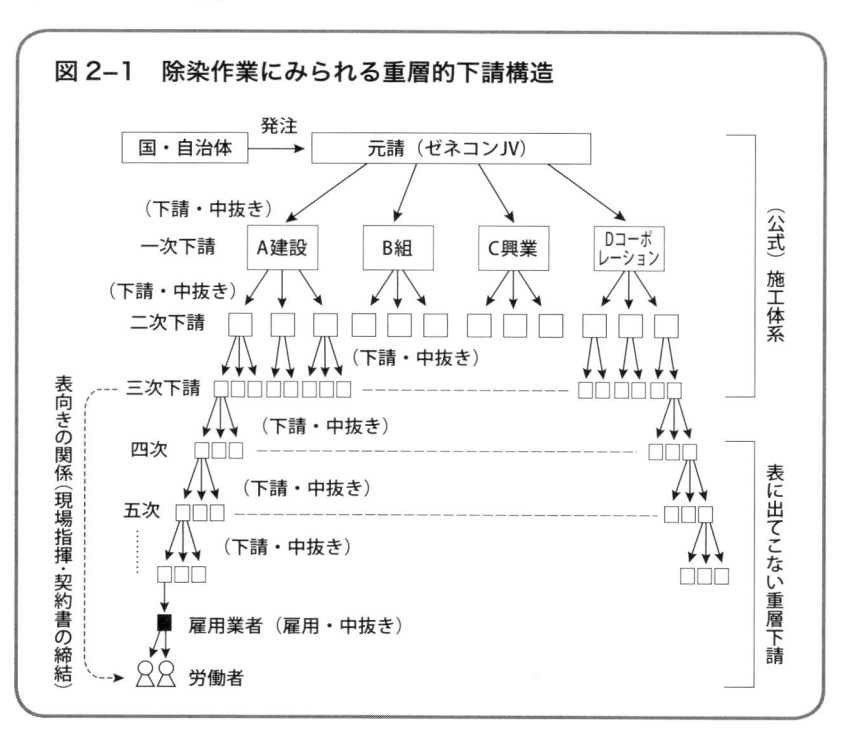

図 2-1　除染作業にみられる重層的下請構造

■労賃の中抜きを前提とした業者間委託契約

　除染事業は、バブル崩壊とリーマンショックを背景に土木・建築公共事業が抑えられてきた中で、降ってわいた「おいしい」公共事業であり、大手ゼネコンや中小業者を問わず建設業界はこぞってこの利益に群がり、この新規公共事業に参入しています。もともと建設業界で自前の労働者を集める手段やノウハウをもっていた業者が、さらにその規模・部門を拡大しているのです。

　また、「除染は儲かる」と感じて新規参入した業者も多く、以前は労働者の宿舎を経営していた業者や、もともと警備会社だった業者など、そもそも建設自体は手がけていなかった業者が多数除染事業に進出しています。業者自らが建設技術をもたなくとも、人夫出しであれば、裏・表の関係を使って重層下請構造のどこかに食い込めば、新規参入は可能です。そのため、建設業法も認識せず、ましてや除染事業の制度的原則や共通仕様書、除染ガイドラインなどすら理解せずに事業を行っている業者も多いのです。

　新規参入業者は当然ながら重層下請構造の下位に参入することになるため、従来からある建設業の慣行をそのまま受け入れ、違法状況をそのまま自ら行うことになります。一般に業者間の委託契約は、何らかの業務の完成を委託され、そのための経費を明示して結ばれますが、下位業者間では単に「1日何人の労働者を提供、そのための経費」として「人工（にんく）」で契約が結ばれています。それ自体が建設業に蔓延する違法派遣を当たり前のものとしているのですが、それだけでなく、経費がすべて人工当たりの金額、すなわち人件費で契約されているため、下位業者が人件費とは別の経費を捻出したり利益を上げたりするには、その人件費から削り出すしかありません。つまり、これは労賃の中抜きを前提とした契約になっており、違法な中間搾取にあたるはずです。これは上位業者も当然ながら承知していますが、あくまでも下位業者が納得のうえで契約したものとして、違法性を認めません。

37頁でも述べましたが、除染作業はそのほとんどが建設作業の準備作業と位置づけられ、建設業法の適用となります。建設業法上では、上位業者は下位業者のところで発生する問題に責任があり、最後は元請（元方事業者）に責任があります。しかし、上位業者は、むしろその違法状態を温存することで利潤を上げているため、それを改善する気はありません。社会的な問題となったケースでのみ、「示談金」などで解決するだけです。
　国・行政機関も、末端業者に責任を押しつけて切り捨てるのみです。

■増えるインターネットでの求人──募集業者の実態は不明なことも

　除染労働者の求人は、入り口から問題のあるものが少なくありません。
　除染事業が建設業界に丸投げされていることから、業界で従来から行われてきた違法な人集めの方法がそのまま持ち込まれています。都市部で駅、公園やいわゆる寄せ場から日雇い労働者を集める「手配」もあります。また、出稼ぎ地方出身者をかき集めてくる口入れルートは、明らかな違法状態にあっても、地方社会の過疎・貧困を背景に、すでに構造化され定着してしまっています。
　出稼ぎ労働者を集める「手配」は、事故前からの地元関係や人間関係で継続されていたり、手配する者自身も現場に入る場合もあり、雇用業者対労働者という区分けが難しい部分もあります。事実、労働相談に来る労働者の中でも、指揮・命令する上位業者への怒りはあっても、直接雇用した業者には同情的な場合が多いです。またそのような場合、争議になると雇用業者は上位業者よりも労働者の側につくこともあります。
　巷（ちまた）に出回っている有料・無料の求人情報誌でも、通常の工場内労働と同じように求人が掲載されているのが散見されます。
　一方、現在非常に多くなった求人手段として、インターネット上のサイトがあります。インターネット上には「除染作業員募集」の求人が膨大に掲載されており、携帯電話やスマートフォンで検索することで、多くの求人情報を得ることができます。しかし、その少なからぬ数が、問い合わせ

の電話番号が記されているだけで、募集している業者の実態が不明な求人になっています。また、明らかに雇用する業者が直接出しているのではないと思われるサイトも多々あります。ベテラン労働者であれば、すでにこの時点で怪しいと感じるはずですが、若い労働者や生活に窮した労働者はそれを十分吟味する余裕などありません。

　また、労働者の中には、聞いたこともない業者から突然電話がかかってきて、除染の仕事を持ちかけられた例も少なからずあります。労働者からの話を総合して考えると、どうやら除染に行きそうな労働者の名前と電話番号などの名簿のようなものが出回っており、それを使ってさまざまな「業者」が電話をかけてくるようです（名簿が売買されている可能性もある）。このような「業者」は会社風の名称を名乗っていますが、ほぼすべて手配師が個人的にでっちあげたもので、会社登記はもちろん、実態のない個人の人夫出しです。

　ハローワークの求人票にも、除染労働者の求人があります。情報を得て業者に問い合わせることもありますが、ハローワークは求人と求職の情報の仲介をするだけで、その労働の内容や労働条件に介入することはほとんどありません。たとえば、危険手当の不払い問題が社会化した楢葉町先行除染の当該労働者は、新宿のハローワークを通して仕事に就きましたが、詳細は業者と直接やりとりせよということで、労働契約書のない口頭での契約でした（10、80頁参照）。その際、求人票には明らかに除染であることが書かれているにもかかわらず、危険手当について記載されるべき手当の欄は空欄でした。つまり、労基法違反を含むさまざまな違法な雇用の入り口になっているのは、ハローワークも同じ状況です。

　このように、除染労働に蔓延する違法・脱法は、そもそもその入り口である求人・就職の時点で始まっています。しかし、国・行政機関はその実態に切り込み、是正するのではなく、法をねじ曲げて解釈し、できるだけ動かず状況を変えずにすませようとする態度に終始しています。法や国・行政機関は、除染労働者にとって何ら自分たちを守ってくれるものではな

いのが現実です。

■誰が除染労働者となるのか

そもそも問題の多い重層下請構造の中で除染労働者となるのは、どのような人たちでしょうか。一言でいえば、求職者・失業者、そして被災者が、比較的「割のよい」求人条件を見て、あるいは他の選択肢がなく除染労働に入っています。拡大する経済的格差と社会的排除、拍車のかかる地方社会の過疎・崩壊、徐々に改悪されつつある社会保障諸制度の中で、経済的弱者が除染労働に集められているといってよいでしょう。新たな大型公共事業である除染事業には、新規参入してきた業者が多数あるのと同じく、これまで建設などの現場作業の経験のない労働者も多いのです。

労働者は、北海道から沖縄まで広範囲の地域から集められています。都市部からは、主に派遣などの非正規雇用で働いていた労働者が、その流れの中で除染労働者となっています。地方からは、過疎地で地域に雇用や仕事のない労働者が除染に雇用の場を求めて来ていますが、なかには同じ東北から「復興の力になりたい」との思いをもって来ている人も少なくありません。また、福島の被災者・避難者が、地震と原発事故により仕事を奪われ、一方で進まない補償の中で生きていくために、除染に入っています。3.11震災と原発事故から日にちが経つにつれて福島出身の労働者は増えてきています。

この除染労働は、単年度事業の日給月給であり、簡単に解雇されうる不安定な雇用であるため、除染事業を渡り歩く労働者も出てきています。また、元原発労働者も相当数います。法定被ばく線量の上限に達して原発で働けなくなったり、収束作業は危険性を感じて行くのを避けた人たちもいれば、各地の原発が運転を停止して仕事がなくなった人たちもいます。これには、原発労働自体も不安定な重層下請構造で行われていることや、過疎にさいなまれる原発立地を出自とする労働者が下請で多く働いているという構造的背景があります。

労働条件の問題

■ピンハネされていた危険手当

　環境省の発注する除染特別地域における除染事業では、事業単位は対象となる市町村別ですが、それらのいずれにも適用される共通仕様書（112頁参照）があります。先行除染は役務請負業務でしたが、本格除染から工事扱いの一般競争入札とするため、この共通仕様書のほか、除染特別地域における除染等工事暫定積算基準と除染特別地域内における除染等工事の設計労務単価（116頁参照）を定めました。それによれば、普通除染作業員の設計労務単価は2012年度は1日11,700円、2013年度は15,000円です。元請は国から除染事業を受注する際、その事業に必要な経費として積算した入札額を提示しています。すなわち元請は、あらかじめ必要とカウントした人数について、2013年度は1日15,000円の人件費を含んだ額で受注し、その金額を受け取っています。

　また、同じ共通仕様書で、1日10,000円の危険手当を支払うことが明記されています（46頁参照）。名称は、先行除染では「警戒区域特別手当」、本格除染では「特殊勤務手当」ですが、本書ではその趣旨にのっとり、これらをあわせて「危険手当」と呼ぶことにします。

　発注者である環境省は、除染労働者の賃金の内訳に労賃と危険手当を入れています。普通除染作業員1人について、労賃と危険手当をあわせた金額（2012年度で1日21,700円、2013年度で25,000円）が、国から元請に支払われていることになります。

　ところが、実際に除染労働者が受け取っていた賃金は、2012年秋の時点では1日およそ10,000円前後で、元請・ゼネコンJVが受け取っている賃金の約半分が、本人に渡らずピンハネ（中抜き）されていました。ひどい場合には5,000円という労働者もいました。しかも、同じ宿舎に泊まり、同じ食事をとり、同じ時間、同じ場所で、同じ仕事をしていても、賃金が

異なることが当然のようにあります。それは、その労働者を雇い入れた業者までの下請の数や業者のピンハネの程度によるのです。

　そもそも危険手当は全額が労働者に支払われるものなので、受け取っている賃金が1日10,000円であれば、危険手当以外の労賃は0円ということになります。もちろんそれは違法であり、少なくとも福島県の最低賃金(1日8時間で2012年10月から5,312円、2013年10月から5,400円)が支払われていると考えれば、逆に危険手当がピンハネされていることになります。賃金は、たいてい直接手渡しか口座振り込みで受け取りますが、いずれの場合も給与明細が発行されていないケースが多く、賃金の内訳が労働者本人にわかりません。明細が発行されている場合でも、記載内容が不十分で、その内訳がよくわからないことが多いです。むしろ、意図的に明細を明らかにせず、ピンハネの実態をごまかす目的があるのだと判断せざるを得ません。

　そもそも、2012年秋頃までは、口頭契約でも労賃の金額が明示された契約でも、労働者に対して危険手当についての説明はされておらず、ほとんどの労働者が危険手当があることを知らずに働いていました。それどころか、労働者に賃金を直接支払う下請業者も、「危険手当など知らなかった」「危険手当が払えるほどの契約を上位業者としていない」という業者ばかりでした。そのため、雇用業者と労働者の間で契約されたのはあくまでも労賃としての金額であり、危険手当が支払われていなかったとみなすべきです。危険手当が明示されたところでも、1日5,000円であるなど、人によって危険手当の金額が異なるケースもありました。そのため、私たち被ばく労働を考えるネットワークは、雇用業者に対して、契約をした労賃に加えて危険手当1日10,000円を支払うよう要求し、労働争議を行ってきました。

■労賃の根拠

　除染作業員の設計労務単価は、農林水産省と国土交通省が決定した公共

工事設計労務単価を適用しています。この金額は、公共工事に従事する労働者の賃金を都道府県別および職種別に調査する「公共事業労務費調査」の毎年の調査結果に基づき決定されています。

　この設計労務単価は、公共工事の発注時の工事費の積算に使用するもので、下請契約における労務単価や、労働契約における労働者への支払い賃金を拘束するものではないとされています。しかし、この根拠となる労務費調査は、自営業や一人親方を含むすべての下請労働者を対象として行われています。また、ゼネコンが構成する業界団体である日本建設業連合会も、表向きは下請業者に対して、設計労務単価の上昇を反映した労賃の支払いを要請しています。これらのことから、少なくとも公共工事において、設計労務単価は現場労働者の労賃の金額の妥当性、ピンハネの程度を判断する根拠となります。

　設計労務単価の内訳は、以下の4項目で構成されています。
①基本給相当額
②基準内手当（当該職種の通常の作業条件および作業内容の労働に対する手当）
③臨時の給与（賞与等）
④実物給与（食事の支給等）

　たびたび労働者の賃金からピンハネされている法定福利費の事業主負担額、労働安全衛生法に基づく放射線講習や刈払い機講習などを含む研修訓練等に要する費用は、この労務単価には含まれず、業者が負担しなければなりません。これらは、工事費の積算上は「現場管理費」に含まれており、労賃から引かれるのは違法です。

　この労務単価に含まれていない基準外手当、すなわち別途支払わなければならない手当は、以下の4項目となっています。
①特殊な労働に対する手当：各職種の労働者について、通常の作業条件または作業内容を超えた、特殊な労働に対して支払う手当。除染における危険手当はこれに相当する

②割増賃金の代替としての手当：時間外、休日または深夜の割増賃金の代替として支払う手当
③休業手当：仕事がないために労働者を休業させた場合に支払う手当（ただし、悪天候等の不可抗力による作業に対する手当は基準内手当とされる）
④本来は経費にあたる手当：労働者個人持ちの工具・車両の損料、労働者個人が負担した旅費等、本来は賃金ではなく、経費の負担に該当する手当

　また、労働者個人が立て替え払いした旅費の弁済にあたる手当は、工事費の積算では経費として「現場管理費」の中に計上されており、除染事業の共通仕様書でも、募集および解散に要する費用（赴任旅費および解散手当を含む）は、現場管理費の項目になっています。したがって、これらの旅費は設計労務単価に含まれず、労賃から引かれるべきではありません（52頁参照）。

　実物給与とは、食事の支給や住宅の貸与等、通貨以外のもので支給するものの、賃金とみなされる額とされています。すなわち所定労働時間外の残業での食事を除いた食費や、宿舎への滞在費は労賃から引かれることはあり得ますが、労働者宿舎の営繕（設置・撤去、維持・修繕）に要する費用やそれに係る土地・建物の借り上げに要する費用は、積算項目において共通仮設費のうちの「営繕費」の項目に含まれる内容であり、これのコストも労賃から引かれるのは不当です。また、作業用具や作業被服の支給は、企業整備の一環であり賃金ではないので、労賃内の現物支給とはみなされません。

　なお、この設計労務単価の根拠となっている「公共事業労務費調査」は、あくまで施工体制台帳・体系図に記されている業者を対象に行われており、下請の受注過程で労賃のピンハネはないという前提になっています。公になっている業者への調査であり、労働者への直接の聞き取りではありません。したがって、実際には業界内で当たり前になっている、施工体系図に

現れてこない下位・末端の業者や、偽装請負・違法派遣の人夫出し業者の存在は無視して決定されているのが、この設計労務単価であるといえます。しかし、人夫出し業者等の存在こそが違法であり、労働の対価としての賃金がピンハネされることなど本来あってはならないのです。

■**危険手当の根拠**

　これは、国家公務員が旧警戒区域などに入って仕事をする際に適用される人事院規則9-129（東日本大震災に対処するための人事院規則9-30〔特殊勤務手当〕の特例）を準用したもので、2011年6月29日に制定された段階での災害応急作業等手当の特例の金額は、表2－1のようになっており、その後何度か改定されています。2012年度の先行除染においては、上記規則に基づく警戒区域で作業を行う場合の手当の支払いが「公的施設等拠点施設に係る緊急除染実施業務共通仕様書」に明記され、本格除染では具体的な金額1日10,000円（1日の作業時間が4時間に満たない場合は

表2-1　災害応急作業等手当の特例

業務を行う区域	手当額（日額）	
福島原発の敷地内	免震重要棟の外 20,000円 （原子炉建屋の中における業務は40,000円）	免震重要棟の中 5,000円
警戒区域 （福島原発から半径20km圏内）	屋外 10,000円（※） （福島原発から半径3km圏内は20,000円）	屋内 2,000円
計画的避難区域	屋外 5,000円（※）	屋内 1,000円
屋内退避指示区域 （2011/4/22に解除） （福島原発から半径20～30km圏内）	屋外 2,500円（※）	―

※1日の作業時間が4時間に満たない場合の手当額は、上記手当額に60／100を乗じた額
出所：人事院「人事院規則9－129（東日本大震災に対処するための人事院規則9－30（特殊勤務手当）の特例）」（2011年6月29日制定）

6,000円）が「除染等工事共通仕様書」に「特殊勤務手当」として明記されています。

　この災害応急作業等手当の特例の趣旨は、「被ばくの危険性、それに伴う精神的労苦等の特殊性」を考慮した手当となっています。したがって、除染における危険手当も、作業の内容で決められるものではないし、下請過程でここからピンハネが許されるものではありません。本来環境省が直接労働者に支払うべき手当を、元請以下の業者が代行しているにすぎないのです。しかしながら、この危険手当がきちんと周知され、1日10,000円が払われているとはいえない実態があります。これは、共通仕様書に指示された必須事項を受注業者が履行していないことを意味します。そのため、元請ゼネコンやその下位の請負業者が「うちは払っている」などと言いつのって開き直っても、結果として労働者が受け取っていなければ、元請に契約不履行の責任があります。また、建設業法上も管理監督責任が問われます。

　一方、この危険手当は、除染特別地域における環境省発注の除染事業では支払いが明記されていますが、農林水産省による農地除染や内閣府等によるモデル事業では明示的に設定されていません。また、除染特別地域以外の「汚染状況重点調査地域」は、市町村による除染が実施され、その費用は環境省が支払いますが、そこでは空間線量にかかわらず危険手当の設定はありません。空間線量の高いホットスポットが多数ある福島県中通りの除染でも、危険手当は明示的には位置づけられていません。逆に、除染特別地域でも汚染状況重点調査地域でも同じような賃金が払われている現状は、除染特別地域での危険手当が事実上ピンハネされているという実態を裏づけるものになっています。

　なお、この手当についてたびたびマスメディアでは「除染手当」という記述が用いられていますが、この人事院規則を根拠とした危険手当は必ずしも除染だから支払われるものではありません。「除染手当」という表現により、被ばくに対する手当なのだという事実が捨象されてしまい、誤解

を生むので好ましくありません（もっとも、被ばくを前提とした労働が業務命令として行われることに問題はあるが、ここでは詳述しない）。

■労働契約書統一フォームの出現と偽造労働契約書

　2012年秋、危険手当の支払い等を求めて除染労働者の労働争議が始まるとともに、マスメディアを通じてこの問題が社会化されました。それにともない、被ばく労働を考えるネットワークや関連する労働組合には、危険手当の不払いや約束と異なる労働条件、労働環境や待遇のひどさについての相談が相次ぎました。その聞き取りと付随する調査を展開する中で、私たちは、労基法違反や偽装請負などの違法状態と不払い・ピンハネ、労働者の理不尽な使い捨てが除染事業に蔓延している事実を確認し、各労働相談や労働争議に即して、業者との団体交渉や労働基準監督署への申告と交渉、福島労働局や福島環境再生事務所との交渉を行ってきました。また、直接環境省や厚生労働省との交渉も行いました。その結果、最初に危険手当不払い問題が発覚した楢葉町先行除染争議では、口頭契約で交わされた日当に別途危険手当分や時間外勤務手当などを労働者の主張どおり支払わせることができました（80頁参照）。

　それに対する環境省と業界との反応は早く、とくに焦点となった危険手当不払い問題では、労働契約書にサインをさせる業者が出てきました。その労働契約書には、労賃と危険手当、さらに賃金控除を記載する欄があり、それを新規採用者のみならず、すでに働いている労働者にもサインさせるようになったのです。驚いたことにそのフォームは、どの除染現場・除染業者でもほぼ同じフォームで、環境省ないし関係業界が統一的に作成を指示しているものと考えられました。これが適正な内容で、口頭契約で労働者と約束した内容に即しているのであれば問題はありません。ところが、この労働契約書は問題を表面的に隠蔽し、業者に言い逃れの口実を与える役割を果たし、不当な雇用条件を正当化する役割を果たしています。

　新たなこの契約書を用いて、労賃5,500〜6,000円、プラス危険手当

10,000円、そしてそこから滞在費・食費等の賃金控除名目で4,000円程度を差し引き、1日10,000〜12,000円となる契約書を、雇用業者はほぼ統一的に作成するようになりました（図2−2参照）。労賃5,500〜6,000

図2–2 統一フォームで作成された労働契約書

労 働 契 約 書

使用者　　　　　　　　（以下「甲」という）と被使用者　　　　　　　　とは(以下「乙」という)とは以下の労働契約を締結する。

1　契約日　　　平成24年　　月　　日
2　職　種　　　除染等工事
3　就業時間　　日勤　08:00〜17:00（07:30〜16:30）
　　　　　　　　※　業務の都合により勤務時間の変更もある。
2　就業場所　　福島県内及び周辺地域
5　賃　金　　　給与形態（日給）
　　　　　　　　基本給　　　　　　　　5,700円
　　　　　　　　除染特別手当　　　　 10,000円
　　　　控除　　食費（1日あたり）　　 1,000円
　　　　　　　　宿泊費（1日あたり）　 3,700円
　　　　　　　　※　月末締めの翌月末払い
6　有効期間
　　この契約の有効期限は、本契約の日から1年間とする。
　　ただし、甲、乙協議のうえ本契約を更新することができる。
7　その他
　　本契約に定めなきものは、就業規則による。

　　　　　平成24年　　月　　日
　　　　　使用者　　会社名
　　　　　　　　　　所在地
　　　　　　　　　　代表者　　代表取締役　　　　　　　㊞
　　　　　被使用者　住　所
　　　　　　　　　　電話番号
　　　　　　　　　　氏　名　　　　　　　　　　　　　　㊞

円とは、福島県の最低賃金と同等かそれよりも若干高い金額で、もともとこんな金額で応じた労働者などいません。多くの口頭契約は労賃を1日10,000円程度とし、危険手当に言及しない代わりに「食費・宿泊費は無料」として労働者を雇い入れていました。しかし、この契約書で危険手当を明示する代わりに、労賃を最低賃金近くまで引き下げ、さらに賃金控除名目でごっそり天引きすることで、「危険手当のピンハネ・不払い」という抗議をかわしつつ、以前と同様の賃金レベル（もしくは1,000～2,000円程度の上乗せ）に人件費を押さえ込みました。

　そもそも、危険手当が支払われることになったとたんに労賃が引き下げられ、無料とされていた滞在費が引かれることになったこと自体が、危険手当が不払い状態にあったことを裏づけています。争議対象となった雇用業者の多くは、危険手当分など上位業者から受け取っていないことを認め、危険手当を支払っていなかったことを認めていますが、元請や上位業者は、いまだに危険手当の不払いがあった事実を公式に認めたところはありません。また賃金控除も、選挙等で民主的に選出された労働者代表との労使協定が締結されていなければ行えません。しかしほとんどの業者は、この労使協定を正しく締結せずに、違法に天引きをしているとみられます。

　それでもこの労働契約書が、労働者との真の意味での合意のうえでつくられ、しかも雇用している業者との正規の契約書であれば、労基法15条（労働条件の明示義務を定めている）違反という問題はなくなるでしょう。しかし、この契約書は対外的に体裁を整えるためのもので、実際に支払われている賃金がこれよりも少ないという事例が多いのです。こんなにもらっていないと労働者が文句を言っても「これは形だけだから」と言い放ち、「サインしなければクビだ」と、納得できないのにサインを強要された労働者からの相談が相次ぎました。賃金欄が空欄になっている契約書にサインさせられた労働者もいました。

　また、労働契約書は賃金を直接支払う雇用業者との間で交わされるものですが、実際には偽装請負・違法派遣状態にあるため、施工体系図にあり

現場で指揮・命令している上位業者と交わされています。つまり、この労働契約書は実際の賃金のみならず雇用関係も偽ることで、除染事業の雇用関係のいくつもの構造的問題を隠蔽するために多重の役割を果たしている「偽造労働契約書」なのです。

一方、環境省は、建設業界の雇用問題（とくにヤクザ・暴力団の絡んだもの）に対し、適正な賃金が支払われることを確認するために、労働者一人一人に支払われた賃金台帳の提出を受注業者に求め、共通仕様書に明記しています。この賃金台帳に、一人一人に支払われた賃金が正確に記載されていれば、それを一顧することで、危険手当の不払いや不当なピンハネがわかるはずです。しかし、雇用業者が不払いを認めた争議案件でも、環境省に提出された賃金台帳上は危険手当が支払われたことになっており、賃金台帳の記載も事実と異なることが判明しました（67頁参照）。

■最低賃金で除染作業を行うのは妥当か

労働契約書や賃金台帳には、先述のように事実どおりでないという問題があります。しかし、この形式を整えたことで、表面上の明らかな違法状態は回避され、労働者の声は押さえこまれてきています。これで労働者が納得しているとすべきではありませんが、もし納得していたとしても、「最低賃金＋危険手当－控除」＝10,000〜12,000円という労働契約により「最低賃金で除染労働に従事すること」は妥当なのでしょうか。

危険手当が加算されていることで一見それほど悪くない賃金のように見えますが、危険手当は被ばくによるリスクと精神的労苦に対する手当であって、労働力の提供に対する対価ではありません。それを除外すると、事実上労働者はタダ働きか１日2,000円程度の収入で働いていることになります。除染作業の内容は決して楽なものではなく、最低賃金で働かされることは理不尽であり、はじめから「最低賃金で働いてくれ」と言われれば、引き受ける労働者はほとんどいないというのが現実です。さらにそこから、実際の宿舎や食事に見合わない不当な天引きをされています。

そもそも2013年度は、普通除染作業員の賃金として、設計労務単価と危険手当で25,000円が国費から元請・ゼネコンJVに支払われています。その労働者が受け取れない差額は、この重層下請構造の中で、業界に中抜きされているのです。

■**赴任旅費、講習費用などは雇用業者が負担すべきもの**
　除染作業の現場となる福島へは、全国各地から労働者が集められていますが、業者に指定された場所までの交通費は、ほとんどすべて労働者の自分持ちになっています。すでに記したように、労働者の赴任旅費は、入札の積算項目では「現場管理費」として明示されています（45頁参照）が、実際には労働者が負担しています。もし受注した元請がこれを必要経費として積算していれば、業者が名目を無視した隠匿を行っていることになります。もし積算に計上していなければ、総額の経費を抑えるために、労働者にその負担を押しつけていることになります。
　現地に着いてみると、当初言われていた賃金や労働条件と異なることも少なくありません。しかし労働者は、現地に赴くためにこのような支出をしてしまっているので、少しでも収入を得て帰らないと、出費ばかりで何も得るところがありません。また、遠隔地の工場での派遣労働や除染のような宿舎の付随した仕事を転々としている労働者や、なけなしの持ち金で交通費を工面してきた労働者もおり、そこで働かなければ住むところがない場合があります。そのため、半ばだまされたように集められた場合でも、我慢をして仕事をする場合が多く、このようなだまし求人の訴えはあとを絶ちません。
　除染作業に従事するために必須の放射線教育や健康診断、労働安全衛生法に基づく法定講習である刈払い機取扱作業者の講習費用も、雇用する業者が支払うべきものとされています。しかし、これらの費用を労働者に立て替えさせたまま支払わなかったり、給与から天引きしているケースもあります。そのほか、時間外手当を正当に支払っていなかったり、通勤時に

業者の車のドライバーをさせていながらその賃金を付けなかったり、といった問題が当たり前のようにあります。

仕事に必要な装備についても、手袋一組とマスク程度は業者が準備しても、作業着や作業靴、軍手などは自分持ちであるのが一般的です。

宿舎についても決して十分でなく、2人部屋ならよいほうで、8畳部屋に4人が押し込められて、それで宿舎代を取る業者もあります。廃屋のような一軒家や作業場跡を宿舎としているようなケースもあるのです。

労働環境と安全衛生に関する問題

■除染労働の内容と特徴

除染の作業内容は、環境省の発行している「除染関係ガイドライン」第2編「除染等の措置に係るガイドライン」に具体的に記載されています。建物等の工作物の除染では、屋根、雨樋、外壁・塀、ベンチ・遊具などは手作業で拭き取りを行い、十分な除染効果がない場合はブラシ洗浄や高圧水洗浄が行われます。土壌はホットスポット土壌の天地返しや下草刈り・草むしり、道路や側溝は手作業で落ち葉や堆積物を除去し、必要に応じて放水などの洗浄などが行われます。山林では、放射性物質が付着した樹木の枝打ちや落ち葉集め、草刈りが行われます。除去した汚染土や枝・草・落ち葉などはフレコンバッグに詰められ、置き場に搬送します。洗浄で出た排水は基本的に回収され、浮遊物を沈殿させて沈殿物を回収するほか、排水の行き先が土壌である場合は、その土壌が回収されます。

仕事のきつさはさまざまですが、拭き取り作業のみといった簡単な場合もあります。しかし、山林や道路脇の斜面での落ち葉回収や草刈りなど不安定な足場で行われる作業は重労働で、しかもそれをフレコンバッグに詰めて斜面を引き上げる作業は、手作業で行われる過酷な作業です。これらが真夏に行われる場合、熱射病となる場合も少なくありません。また、山林などで集められた枝葉は、体積を減らすためにチップ状に機械裁断され

ますが、その際の粉塵は通常の粉塵作業と同様の悪環境をもたらします。しかも、その粉塵は除染で出た汚染物であり、被ばくの危険性があります。このように、除染労働は典型的な3K（きつい、きたない、危険）労働であるといえます。

　さらに、除染労働が他の3K労働と決定的に異なるのは、原発労働と同様、それが避けられない被ばくによる健康リスクをともなうものである、ということです。除染を行う現場は、多かれ少なかれ原発事故由来の放射性物質に汚染されており、そのような屋外で作業を行うからには、常に自然放射線による以上の被ばくを受けます。また、原発労働と異なるのは、通常の原発では高濃度汚染物がそれなりに限定された機器内や室内・建屋内に限定されているのに対し、除染現場では周囲の環境が広範囲に汚染されているという点です。そのため除染労働では、環境に付着している放射性物質からの外部被ばくのみならず、土ぼこりなどを吸い込むことによる内部被ばくの危険性もあります。また、事故前の原発労働のように放射線管理区域から出れば被ばくの危険性を避けられるわけではなく、労働現場への移動中も常に環境からの被ばくを受けるという問題があります。

　このような被ばく労働である除染作業では、除染電離則（東日本大震災により生じた放射性物質により汚染された土壌等を除染するための業務等に係る電離放射線障害防止規則）に基づき、被ばくの防止・低減や被ばく線量管理が事業者に義務づけられています（94頁参照）。他の法規との関連も含めた具体的な内容については、厚生労働省によるガイドライン「除染等業務に従事する労働者の放射線障害防止のためのガイドライン」が示されています。しかし、原発労働では電離則のほか原子炉等規制法とその関連法規で、かなり具体的に個別作業の労働安全基準が示されているのに対し、除染電離則とガイドラインでは、現場事業者の判断に任された曖昧な点が多々見受けられます。

■除染労働の区分

　国が設定した除染事業が行われる地域区分には2通りがあります。

　環境省は2011年12月19日、放射性物質汚染対処特措法に基づき、除染特別地域と汚染状況重点調査地域を指定しました。除染特別地域は、旧警戒区域（東電福島第一原発から半径20km圏内）と旧計画的避難区域（半径20km以遠で年間積算線量が20mSvに達する恐れがある地域＝国の基準では3.8μSv/h以上の地域）などが対応しており、国が直接除染事業を実施します。また、汚染状況重点調査地域は、追加被ばく線量が年間1mSv以上（国の基準では0.23μSv/h以上）の地域で、自治体が汚染調査を行い除染計画を立案して、自治体主体で除染を実施します。

　いずれにしても、事故由来の放射性物質による被ばくと健康被害が懸念される地域において、その放射性物質を直接的に取り除く作業が除染作業なのですから、その作業は多かれ少なかれ被ばくを前提とした労働となります。

　さらに、作業現場の空間線量や作業頻度により、その作業に従事する主体や線量管理方法の区分があります。詳しくは、95頁を参照してください。

■杜撰な被ばく線量管理

　先述のように事業者が業務として行う除染では、労働者の被ばく線量管理が除染電離則で義務づけられています。

　外部被ばくについては、平均空間線量率が2.5μSv/hを超える場所での除染作業では個人線量管理が必要で、APDなどの電子線量計かガラスバッジの着用が求められています。2.5μSv/hを超えない場所での作業は、必ずしも個人線量管理が必要とはされていませんが、除染現場は思わぬ場所に局所的にホットスポットがある場合もあり、本来はすべての除染で個人線量管理を行うべきです。多くの場合、その作業場所の汚染状況や空間線量について、労働者に事前にきちんと説明があることは稀で、自分たちの線量管理が妥当な方法で行われているのか、労働者自身が判断することは

困難です。ガラスバッジを渡されずに作業を行い、不安に感じている労働者もいます。

　内部被ばくについては、高濃度汚染土壌等（セシウムの濃度が50万Bq/kgを超えるもの）を取り扱う作業であって、粉塵の濃度が10 mg/m^{3}を超える作業の場合は、原発での作業と同様に、3カ月に一度のホールボディカウンターによる内部被ばく計測が必要となります。しかし、それ以外の作業では、基本的には毎日の作業終了時のスクリーニング検査で代用されます。防じんマスクのスクリーニング検査で放射性物質の表面密度が10,000cpm[*1]を超えた場合、鼻スミアテスト（鼻の内側の検査）を行い、それでも10,000 cpmを超えた場合には、3カ月に一度のホールボディカウンター測定が行われることになっています。しかし、このスクリーニング検査がていねいに行われているわけではなく、マスクすらせずに除染作業が行われている場合もあります。このような場合は内部被ばくを適切に判断できません。

　3カ月ごとに労働者本人に渡されるべき線量記録についても、実際には労働者に渡されず、本人がどれだけ被ばくしたのかわからないことが多々あります。また、共通仕様書で指示されている放射線管理手帳の発行も、2012年度の除染事業ではほとんど行われていませんでした。なかには、「元請が放射線管理手帳は発行しないと決めている」などと、労働争議の中で言い放つ業者もありました。放射線管理手帳発行の徹底を繰り返し環境省に求めたところ、しつこく要望した労働者に対しては、徐々に発行されるようになりました。しかし、今も手帳の存在すら知らされていないケースも多いのが実情です。除染事業を転々と渡り歩く労働者の場合、それまでの自分の被ばく線量を知らず、また、手帳がなければ雇用業者も労働者の履歴をわからないため、結果として法的な線量上限を超えないような線量管理は行われていません。

　福島第一原発での収束作業において、被ばく線量管理が杜撰であることが、事故直後から問題にされてきました。しかし除染作業では、それより

もはるかにいい加減な線量管理になっています。では、除染作業が原発内での作業に比べて被ばくの恐れがないのかといえば、必ずしもそうはいえません。たとえば、内閣府が2011年度に行った「警戒区域、計画的避難区域等における除染モデル実証事業」では、大熊町夫沢地区で108日にわたって304人が除染作業を行い、合計739 mSv（平均線量2.43 mSv）の被ばくがありました（77頁参照）。

除染電離則やガイドラインでは、平均空間線量率が2.5μSv/hを超えない地域では、個人線量管理ではなく代表測定で代用するなどの簡易的な方法を認めています。しかし、これは線量管理自体を省略してよいということではありません。ところが事業者の中にはその意味を理解せず（あるいは意図的に）、「この地域は線量が低いから」と、きちんとした線量記録をせず、労働者にも伝えない業者がいます。被ばくが結果的に多いか少ないかは関係なく、作業を行った全期間について記録することが、線量管理には必要なのです。労働者にとって、被ばく量が少ないならば少ないことの証明が必要であり、個人記録と放射線管理手帳への記載が必要です。

（＊1）cpm（シーピーエム）とは、counts per minute（カウント・パー・ミニット）のことで、放射線測定機に1分間で入った放射線の数。ちなみにBq（ベクレル）とは、放射線を出す能力（放射能）の強さを表す単位で、1秒間に崩壊する原子の数。

■安全対策がなされていない労働環境

単に労働の内容が過酷で危険であるということだけでは、除染現場の労働環境の問題を適切に表現しているとはいえません。除染の労働現場は、労働契約や賃金の取り扱い同様に、きわめて杜撰な管理が行われているということに大きな問題があります。

たとえば、作業を行う装備について、除染電離則と厚労省ガイドラインでは、汚染限度（40 Bq/cm^2）を超える汚染をする可能性がある場合は汚染防止のための装備を事業者が用意しなければなりません。その内容とし

て、粉塵濃度や土壌の汚染土の区分に合わせ、マスク、長袖の衣服、綿手袋、ゴム長靴（さらに、高濃度粉塵・高濃度汚染土壌の場合はタイベックスーツ）などの着用が指示されています。しかし、実際には渡されているのは綿手袋とマスク程度で、ほとんどの労働者が自分で用意していった作業着や靴、軍手で作業をしています。そのため、汚染土壌が付着した作業着で宿舎まで帰り、着替えがない場合はそのまま作業着で過ごす者もいます。現場によっては、高濃度粉塵・高濃度汚染土壌の地域でも簡易マスクであったり、マスクすらなかったりします。

　また、食事や喫煙をする休憩場所は、原則として車内など外気から遮断された環境とすることになっていますが、定員いっぱいの車に全員が乗り込んだら実際には休憩になどなるはずもなく、ほとんどが外に出て作業現場近くで食事や喫煙をしています。

　また、除染事業全体としては巨額な費用が投入されているにもかかわらず、現場では徹底した経費節減が行われ、先述の装備の不備だけでなく、道具や機器の不足が伝えられることもあります。たとえば、草刈りに使う刈払い機の刃は消耗品で、しばらく人の手が入らず荒れた場所で作業をすれば、たちどころに刃が消耗して使えなくなります。しかし、1日に使う刃の量を極端に制限し、作業に支障が出る場合もあります。

　このような現場の杜撰な作業管理が、組織的な"手抜き除染"を生み出すとともに、労働者の意欲や誇りを削ぎ落とすことにもなっているのです。

■労働者支配としての福利厚生・労務管理

　このような安全対策をはじめとする労働環境の悪さは、除染労働者を使い捨ての労働力とみなす事業者・業界の態度と通底しています。その不当な取り扱いは、労働現場の環境だけでなく、事業者が設定する労働者の生活環境にも反映しています。

　政府の警戒区域の見直し、さらに2013年5月の警戒区域全面解除まで、除染労働者の宿舎は警戒区域外で、かつ警戒区域の除染現場から遠くない

福島県内に設置されていました。既存の労働者用宿舎・旅館や、いわゆる野丁場飯場(*2)のようなプレハブを建設して宿舎とする業者もありましたが、山中のキャンプ場や廃屋、かつて作業小屋として使われていたような建物を宿舎として利用する業者も少なくありませんでした。そのような宿舎に複数人が相部屋で居住させられ、個人のプライバシーはもちろんありません。都市の寄せ場にあるドヤ（簡易宿泊所）は、いくらそのスペースが寝るだけの広さしかなかったとしても、外出すれば多様な過ごし方ができます。しかし、人里離れた宿舎では周辺に店舗や娯楽施設もなく、まるで収容施設のような場合もあります。私たちが取り組んだ田村市都路地区の本格除染にまつわる労働争議（84頁参照）では、宿舎や食事のひどさ、所持金のない労働者が昼食をとれなかった実態などが告発されました。2013年1月7日には、川内村の宿舎が全焼し、2階から飛び降りて逃げた3名の労働者が負傷した事件がありましたが、この宿舎はもともと縫製会社の建物を除染労働者の宿舎に転用したもので、防火・防災の対策がとれていなかったと考えられます。なお、負傷したうちの1人は、労働安全衛生法上では除染作業に従事させてはいけない16歳でした。

　建設現場では労働者に具体的な指示を出す現場監督（「ボーシン」と呼ばれる）がいますが、その現場監督の役割をしている社員が各方面から集められた日雇い的な労働者を束ね、事実上労務管理を一手に行う場合が多いです。多くは雇用業者や現場を仕切る業者の社員ですが、仕事の指示のみならず、管理者的ふるまいで宿舎や食事などを含む労働者への対応を行います。その中には、労働者に対して日常的に威圧的にふるまい、命令や恫喝、時として物理的な暴力を行使して労働者を管理・従属させるボーシンも少なくありません。暴力団との関係をちらつかせて従わせるだけでなく、気に入らなければ暴力をふるい、即刻労働者を解雇するなどの制裁があるため、多くの労働者はそれに従わざるを得ません。そのため、労働条件・労働環境の問題や理不尽な扱いに対して、労働者が抗議をしたり改善要求をすることは、非常に勇気と覚悟が必要です。業者はそのようなボー

シンを利用し、労働組合による正当な要求も無視し、違法・脱法行為を改めないこともあります。

　従来より、建設業における暴力団の関与は社会的な問題として取り扱われ、その排除が謳われてきました。しかし、そもそも近代日本において建設業では、重層的下請構造の中で暴力団・ヤクザ組織が労働者の「手配」や管理に関与し、それを政府・業界が利用してきました。それは今でも基本的に変わらない構造としてあり、建設業界が丸ごと引き受けている除染事業でも同じです。福島第一原発の収束作業や除染作業において、表向きには事業者や国・自治体および警察が「反社会的団体」の排除を謳って会合などを開いていますが、現場に行けば、そんな掛け声は白々しい茶番であると感じるのが実態です。

（＊2）野丁場とは、大手建設会社が元請となり、下請業者を用いてビルやダムなど大掛かりな工事を行う工事現場のこと。その近くに設けられた労働者の宿泊所。

■労災事故

　2013年3月22日、楢葉町の本格除染で労災死亡事故が起こりました。下請労働者の日隈顕光さん（51歳）が、除染廃棄物仮置き場の圧縮梱包室（除染で出た木の枝の体積を減らすために細かく裁断し梱包する）でトラックの後退を誘導中、土嚢を荷降ろしする油圧ショベルカーにひかれて亡くなりました。通常の建設の作業現場では、このような労災死亡事故は考えられません。この事故は、除染現場の安全管理がいかに杜撰であるかを如実に表しています。亡くなった日隈さんが、同様の現場作業の経験がどれほどあったかは不明ですが、除染労働者の多くは各地から派遣や口入れで集まってきた労働者で、建設現場の経験が少ない人が多いというのが実態です。労働者からの聞き取りでも、それを考慮した安全対策や教育がなされているとは感じられないし、作業環境や人員配置などの作業計画に安全への配慮が希薄であるといわざるを得ません。あらゆる点で杜撰な体制で進められている除染事業の問題を背景にした、構造的問題です。

この労災死亡事故の後、楢葉町での除染作業は一時的に休止されました。しかし労働者の報告によれば、労働者を集めた朝礼のようなミーティングが開かれ、一般的な安全に関する注意がされただけで、1週間後には作業が再開されたといいます。元請を中心とした根本的な原因の解明と反省、現場での具体的な作業方法の改善、人員配置の改善などは行われませんでした。むしろ「事故が起こって上に迷惑をかけた」「作業が遅れた」といった雰囲気だったといいます。労働力として使い捨てられるだけでなく、除染作業の中で命まで奪われた日隈さんに対して、工事責任者からの謝罪はありませんでした。

　この事故からわずか2カ月後の2013年5月21日、同じ楢葉町の本格除染で再び労災死亡事故が起こりました。除染機器を荷台に積んだ無人のクレーン付中型トラックが坂を後退し、研削作業をしていた二次下請企業の社員・嵩元一生さん（30歳）がひかれました。約15m引きずられて嵩元さんは亡くなりました。これも3月の死亡事故同様、通常の建設現場では考えにくい事故です。車両や大型機器の移動では、現場管理者が注意して周辺の作業者に周知しなければならないし、斜面での停車には車止めが必須です。被害にあった嵩元さんは、おそらく研削作業中の騒音で、周囲の異常に気づきにくい状態にあった可能性があります。もちろん労働者自身も安全への注意が不可欠ですが、労働者が安心して作業を行える現場をつくるのは、現場管理者の責任です。

　これに対する国の関係機関も対応が遅く、JV代表である前田建設工業などを富岡労働基準監督署が福島地検いわき支部に書類送検したのは、2つ目の事故から4カ月以上も経過した10月4日でした。労働安全衛生法違反容疑で書類送検されたのは、3月の事故について、元請JVの代表である前田建設工業と現場責任者（52歳）、四次下請・ミヨシ自動車商会とその社長（58歳）、5月の事故については、現場を監督していたヒロショウ技建とその営業部長（59歳）の計3法人と3名でした。また、発注者である環境省東北地方環境事務所が、元請JVとJVを構成する前田建設工業・鴻

池組・大日本土木を指名停止措置にしたのは、事故から5カ月を経過した10月23日です。指名停止期間は2014年1月22日までの3カ月間で、この指名停止がどれだけ実効的な意味をもつのか疑問をもたざるを得ません。

国による直轄除染事業以外でも、労災死亡事故が起こっています。

2013年11月19日、伊達市の除染廃棄物仮置き場で、つり上げ装置付トラック（ユニック車）が横倒しになり、高橋和也さん（46歳）が助手席側のドアと荷台の間付近で下敷きになって亡くなりました。高橋さんは、市内の国道の除染作業で出た土を1人で仮置き場にユニック車で搬送しており、事故発生の目撃者がおらず通行人が発見しました。この作業が1人で行われること自体が問題です。

このほか、明らかな労災事故とみなされない除染作業中の死亡事案もあります。

2011年12月12日、伊達市でその日から始まった内閣府除染モデル事業で、建設会社の作業員（60歳）が休憩中のトラックの中で心肺停止状態で見つかりました。2012年1月17日には、広野町の中学校敷地で除染作業として表土除去をしていた作業員（59歳）が倒れ、亡くなりました。2013年2月28日には、川内村の国直轄除染現場で作業員（54歳）が倒れて亡くなっています。心筋梗塞と発表されました。これらは、必ずしも業務に起因したものとはいえないし、まして被ばくによるものともいえないでしょう。しかし、決して若くはない労働者が冬期の屋外で行う作業であり、就業前の健康診断に問題はなかったのか、また、体調不良を訴えたときの現場での応急対応など、きちんとした体制がとれていたのか、という疑問が残ります。除染労働者からの話を聞く限り、それらが問題なく万全だといえるケースはむしろ少ないからです。

除染作業で労働者が死亡したとき、国・自治体や業者は常に、「被ばく量が少ないので原因は除染作業ではない」という言い方をします。そもそもこの国では、がん以外の被ばく労災や低線量被ばくによる労災を認めておらず、被ばくの影響でないからといって、その業務が死亡と無関係で事

業者に責任がないとはいい切れません。除染作業での労災を考えるとき、被ばくの問題は重要ですが、問題はそれだけではありません。そもそも除染労働者を使い捨て労働力としてしかみなしていない取り扱いが、労働条件、作業計画・体制、労働環境のあらゆる状況に反映し、安全衛生上の問題や事故につながっているのです。国・自治体や事業者・業界が構造的な問題解決を図らない限り、労働者の悲劇は終わらないのです。

■業界に莫大な国費を流し込むだけの除染事業

　以上、本章で見てきたことからもわかるように、現在の国の重要施策である除染事業において、除染労働者は被ばくのリスクを負いながら被災地の復興を第一線で担っているにもかかわらず、決してそれに見合うだけの敬意と待遇で迎えられているわけではなく、搾り取れるだけ搾り取り、あとは使い捨てるだけの道具としてしか扱われていません。多くの労働者がそれに憤りながらも、泣き寝入りしているのが現状です。

　一方、除染事業の入札に参加するゼネコンは、こうした労働者の労働条件や労働環境を改善するどころか、この仕組みを温存・利用して利益を上げ続けています。先行の除染モデル事業を受注したゼネコンが、後にほぼ競争がないまま2012年度の本格除染を受注する契約が相次ぎ、予定価格に対する落札額の割合（落札率）も95％以上であることが報道されました（『東京新聞』2013年7月25日付）。また、2013年度も同様で、それらをあわせると、国が除染事業を発注した計9市町村のうち、モデル事業を受注したゼネコンがそのまま本格除染も受注したのは7市町村に上ります（『東京新聞』同年8月30日付）。

　このように、労働者が不当な扱い・搾取を受けている一方で、巨額の国費がゼネコン・建設業界に流し込まれているのが除染事業ですが、その問題は正面から取り上げられない状況にあります。

（なすび）

第3章 国・関係機関の対応

▍環境省の対応と問題点

■実施をゼネコンJVに丸投げしたところにそもそもの問題が

　国の除染事業を中心的に担当しているのは環境省で、国の直轄となる除染特別地域での事業は、環境省福島環境再生事務所が発注しています。そのため、事業の実施内容の責任は環境省にあります。すでに指摘したように、除染事業は制度設計も実施体制も、机上で検討されただけで、実際にあるさまざまな問題が考慮されておらず、杜撰といわざるを得ないものとなっています。そもそも環境省は、これまで1件数百億円に達する巨大事業の実施の経験が少ないこともあるのでしょうが、だとすればなおさら、指摘された問題を真摯に受け止め、それを是正していく責任があるはずです。

　除染事業で行う作業の内容は契約書や仕様書に記載されていますが、その実施は元請であるゼネコンJVに丸投げされています。日本の建設業界は、ゼネコンを筆頭に重層下請構造による搾取（ピンハネや使い捨てなど）、抑圧（飯場への拘禁やヤクザの関与）、違法（偽装請負や違法派遣など）などの問題が山積しています。日本の近代化の中で政治と密接に結びついて形成され、政治的・経済的利権にまみれたグロテスクな裏をもつ業界です。ここに事業を丸投げすれば、基本的にはその構造をそのまま利用することになるのであり、除染事業という新規巨大公共事業が、そのまま建設業の利権構造に吸収されていくことになります。それを防ぐためには、国が主導し、従来の建設業とはまったく異なる事業体制と労働システムで実施しなければならず、その具体的な検討が必要だったといえるでしょう。

■人工単価の中に練りこまれてしまう危険手当

　その問題を典型的に表出したのが、本格除染に従事する労働者への危険手当問題です。前述したように、危険手当（警戒区域特別手当ないし特殊勤務手当）は、国家公務員に適用される人事院規則9-129（東日本大震災に対処するための人事院規則9-30〔特殊勤務手当〕の特例）をもとにしており、環境省は国直轄事業で雇用される除染作業員に対して、手当の点では国家公務員と同等の待遇を設定したことになります。このことは高く評価されるべきですし、除染事業の性格を位置づけた措置ということができます。内閣府発注の除染モデル事業や各種警戒区域内での事業や、農林水産省発注の農地除染事業に比べ、事業設計として高く評価される必要があります。しかし、この事業の受注をゼネコンJVに丸投げすることで、危険手当はゼネコンを筆頭とした業界に利益を流し込む費目のひとつになってしまいました。

　38頁で述べたように、建設業界の下請への委託のうち、とくに下位の委託では、元請が発注者である環境省に提出した積算書のような作業項目を分担した形ではなく、人工数で契約が行われます。そこでは、現場管理費や設備費を含む種々の経費や人件費と業者の利益などのすべてを含んだ費用を、現場に必要な人の数として「人工数×人工単価＝総額」の中に入れ込んでいます。つまり、1日何人の労働者を現場にもってくるかで下請業者に払われる金額が決まり、下請業者はその総額から各種費用を捻出します。このように、人工単価から諸経費を削り出すので、はじめから賃金にあてられる金額は決まっておらず、原理的にピンハネの構造にあるのです。この契約手法を変えない限り、危険手当もこの人工単価の中に練り込まれてしまいます。カネに色はついていないのだから、賃金・手当の取り扱いや金額は雇用業者の思いのままになります。仕様書では、業者が下請を使う際、その業者に作業内容を出させて十分実施力量があることを確認することになっており、環境省はそのことで下請への請負契約に縛りをかけようとしたフシもあります。しかし、これはまったくの机上の設計でし

かありません。環境省は具体的な下請契約内容をいちいちチェックなどしておらず、業者は何とでもできるので、まったく歯止めにならないのです。

■**積算書の内容は吟味せず、入札総額の安い業者に発注**
　危険手当を除く労賃についても同様です。環境省に対してゼネコンが提出する積算書では、賃金は「除染特別地域内における除染等工事に係る設計労務単価」に基づく普通除染作業員15,000円／日（2013年度）で計算されています。しかし、実際の賃金は最低賃金に近い。これは、元請業者が発注者である国から得た予算のうち、そもそも労働者に渡されるべき賃金が、中抜き・ピンハネされていることを意味しています。

　元請が入札の際に国に提出する積算書では、本来事業を行うのに必要な経費については、労賃となる人件費のほかに種々の積算項目が設定されています。たとえば、労働者の旅費や宿舎確保費用なども現場管理費として積算項目がありますが、実際には、業者はこれらを労働者の賃金から天引きしています。つまり、費用の二重取りか、経費削減を労働者に押しつけていることになります。これを確認するために、環境省に提出された積算書を情報公開法に基づく請求で入手したところ、積算書には大きな項目の金額しか記載されておらず、仕様書で設定されている細目の金額は記載されていませんでした。つまり環境省は、事業の実施を十全に行うために必要経費の項目立てを示しながら、積算書の様式は任意で、実際にはその項目ごとの詳細な金額提示をさせておらず、業者が大枠でどんぶり勘定で言いっぱなしの金額をそのまま認めているのです。そのため業者は、競争入札で受注するために、労働者の人件費を保障するために必要経費を積算するようなことはせず、はじめから賃金のピンハネを折り込んだ金額で入札に参加します。

　この問題を私たちが追及すると、環境省は「各業者の自助努力で経費削減が行われている」「元方事業者（元請）から他業者への委託については民間同士の契約なので関与しない」「契約書と仕様書の内容が履行されて

いれば問題ない」と言い、構造的な賃金ピンハネに対して事業者として是正に取り組む姿勢はみられませんでした。業者が提出する積算書の内容の詳細は吟味されず、単に総額の安い業者に事業が発注され、契約内容が形式的に守られていれば問題にはしません。これでは、労働者の安全や権利を無視した無責任な事業といわざるを得ません。

■発覚した偽造賃金台帳──環境省の杜撰な管理が露呈

　環境省の形式主義は、入札時だけでなく、実施後の報告でも同様です。危険手当がきちんと労働者に支払われ、適切な賃金が支払われることを保証するためとして、環境省は事業実施後の賃金台帳の提出を仕様書で元請に求めています。しかし、提出される報告書の量は膨大で、環境省の職員がその報告書のうちの賃金台帳の隅々まですべて目を通すことは困難です。しかも、賃金台帳の様式は任意で、一律に危険手当10,000円を支払ったチェックと最低賃金以上の労賃の金額が記載されて、業者名も工程表に記載され表に出ている業者の名前が書かれていれば十分とされています。

　私たちが争議でかかわった1人の労働者が、環境省・福島環境再生事務所に求めて賃金台帳に記された自分の項目を見たところ、実際と異なる賃金が記載されていました。危険手当も、事実上のピンハネをされていても、業者から提出される賃金台帳に払ったと記載されていれば、それ以上は問われないのです。業者名も、工程表に書かれた表に出ている業者名が書かれているだけで、違法派遣を行い直接賃金を出している業者の名前は、台帳にも記載されません。このように提出された賃金台帳は、実際と異なるいわば「偽造された賃金台帳」なのですが、環境省は記載内容のインチキを見抜く手段をもっていないし、その意志もありません。つまり、はじめから形式的手続きにすぎないのです。事業の健全性を担保する手段になどなっておらず、業者のやりたい放題です。

■**環境省には発注者責任がある**

　除染事業により、必要かつ可能な放射性物質の除染と地域社会の回復を行うとともに、被災者を含む多くの労働者の生活の再建が行われるためには、建設業に現存する問題を除染事業から排除しなければなりません。しかし、環境省の事業設計と実施計画は、机上の形式的論理で健全性の担保や整合性をとっただけで、具体的な実施段階で、それを確実に進めるだけの体制は検討されていないし、設定もされていません。たしかに、綿々と形成されてきた建設業界の問題を、環境省のみで構造的に変えることは難しいでしょう。しかし、除染事業を本当にまともな事業として行おうとするならば、事業の実施に際して、発注者の責任として具体的に対応する体制が必要です。

　環境省は、民間同士の契約や労働行政上の問題には踏み込まず、問題が起きたときは元請を指導するという態度に終始していますが、事業制度自体が招いている問題なのですから、環境省には発注者責任があります。事業の健全性を守るため、建設業の重層下請構造に依拠せず労働者を環境省が直接雇用すること（直接労働契約を結ぶこと）や、危険手当を環境省が労働者に直接払うことも、不可能ではないはずです。もしそれが困難であっても、現在世界で広く導入され、自治体レベルでは日本の公共事業でも取り入れられている公契約法・公契約条例(*1)に倣い、契約書や仕様書に労働者に支払われるべき賃金の最低額を明記することは可能なはずです。1日15,000円の労賃を出していながら、実際には約10,000円がピンハネされ最低賃金しか労働者が受け取っていないのに、「違法性はない」とする環境省の態度は、建設業界が抱えている問題を補完・拡大することにしかなりません。

（*1）公契約法・公契約条例とは、公契約に、国や地方自治体の事業を受託した業者に雇用される労働者に対し、地方自治体が指定した賃金の支払いや労働条件の最低基準を定める「労働条項」を盛り込み、適正な賃金水準や労働条件を確保しようとする法や条例のこと。

厚生労働省の対応と問題点

　健全な除染事業を制度設計し施策として実施するのが環境省の責任である一方、労働行政や労働問題に対する責任は厚生労働省にあります。現在の雇用や労働をめぐる建設業の構造的な問題を放置してきた責任は重いといえます。

■根本的な改善を避ける対応に終始する労基署、労働局

　まず雇用に関していえば、重層下請構造の問題と偽装請負・違法派遣の問題を野放し状態にしていることが挙げられます。

　重層下請構造が重層化するほど、その過程でマージンが取られ、それは労働者が受け取るべき労賃から中間搾取（中抜き）されています。これが偽装請負で行われていれば、明確に労働基準法6条（中間搾取の排除）に抵触します。しかしながら、労働基準監督署はこれらの問題に対して、労働基準法違反ではなく労働者派遣法違反であるとして、ほとんど対応していないのが実情です。労働者が単独で訴えても、労基署は派遣法の担当部局ではないとして、ほとんどが門前払いされます。労働組合を交えて強く対応を要請しても、派遣法を担当する労働局の担当部署に情報は伝える、といった対応に終始しています。

　一方、労働局も、自ら問題を明らかにし解決する姿勢とはほど遠いのが実情です。有効な実態調査を行うこともせず、労働者や労働組合からの訴えに対しても、元請・ゼネコンJVに実態調査を求めたり、元請経由で現場業者と調整して労働者からの聞き取りなどを行う程度です。これでは業界ぐるみで隠蔽されている重層下請の問題を暴くことができないことは明白ですが、労働局は「労基署と違い強制捜査権はないので……」などと逃げに終始しています。

■ハローワーク、福島労働局は、違法求人の調査と取り締まりを

　求人についても、除染では、インターネットで労働者を集めるケースが非常に多くみられます（39頁参照）。このネット求人では、多くが単に連絡先が記載されているだけで、求人業者・雇用主の情報や仕事の内容、現場の情報、詳細な労働条件などは書かれていません。このような人夫出しやネット求人には、法人登記もない名前だけの業者が多く、偽装請負・違法派遣の温床になっています。

　このようなことは厚労省もわかっているはずで、不適切表記・不適切求人を積極的に取り締まるとともに、ハローワーク求人に切り替えるよう指導すべきです。ただし、ハローワークで求人をしている業者にも、違法派遣業者は少なくありません。除染事業、とくに国の直轄で行われる除染事業は勤務地を確認すればはっきりします。ハローワークは求人を行う業者に対して、その事業に関する請負関係の確認を行うほか、作業場所（地域）を確認し明示するよう指導すべきです。そして、賃金・手当の適正な表示を指示すべきだと考えます（危険手当はきちんと手当欄に明記させなければならない）。

　しかし、厚労省や福島労働局、各地のハローワークは積極的な違法求人の調査をせず、違法事例の情報が入れば対応するという態度でしかありません。偽装請負・違法派遣の実態把握についても、調査を直接行わずゼネコンJV任せにしているのです。解決手段の検討とその実施、違法業者の取り締まり強化、労働者を請負系統の明らかな業者による雇用へと改善することなど、現状でできることはたくさんあるはずです。

■割増賃金未払いなどを訴えてもなかなか動かない労基署

　そもそも労働条件通知書や労働契約書がきちんと作成されれば起こらない問題も多いのですが、当初はほとんどが口頭契約で、労働契約書が作成された労働者はほとんどいませんでした。もちろんこれは労働基準法15条に違反しており、労働基準監督署が摘発しなければなりません。

それ以外にも、労基法違反に相当する問題は非常に多いといえます（75頁参照）。労働者が容易に認識できる形で示されていなければならない就業規則が明示された除染現場などないし、関係法令の周知も行われていません。賃金に関しては、講習・ホールボディカウンター受診・電離健康診断日などの賃金、時間外労働や休日労働および深夜業にかかわる割増賃金の未払いが多いです。これらの問題を訴えても労基署はほとんど動かず、電話で業者に事情を聞くなどで終わってしまいます。

■危険手当は賃金にあたらない!?
　さらに危険手当について、労基署は「危険手当は労基法上の賃金にあたらない」などという不当な解釈により、危険手当不払い問題に関与することを避けています。また、危険手当の不払いが社会問題化してから「最低賃金＋危険手当－滞在費・食費など（控除）＝手取り10,000円前後」という支払いをする業者が増えましたが、労基署は労基法違反がないなどと問題を矮小化した対応に終始しています。しかし、賃金控除は労働者代表と事業者で締結した労使協定がなければ行えないし（労基法24条）、労働契約書がある場合はそこに具体的に明記されていなければなりません。実際にはこれを満たさず、不当な賃金控除が行われていることも少なくないのです。賃金控除に関する労使協定は労基署への提出が必要とされるものではないので、問題が訴えられたら労基署はその存在を確認するべきですが、私たちが訴えたときには、調べようともしませんでした。

　劣悪な宿舎や食事環境が放置されている問題も、労働基準法第10章（寄宿舎）に違反する事案です。労基法95条は、事業の附属寄宿舎に労働者を寄宿させる使用者に対して、寄宿舎規則を作成し行政官庁（労基署）に届け出ることを義務づけていますが、実際にはほとんど行われていないし、労基署も調査をしていません。また、「建設業附属寄宿舎規程」[*2]の趣旨にのっとり、除染作業に従事する労働者の宿舎の環境改善に踏み込んだ指導が必要ですが、これらについてもほとんど何もしていません。

このように労基署は、除染事業という新たな産業分野に対して、労働者の安全と権利を守る砦としての機能を果たしているとはいえないのが現状です。

(＊2)　建設業附属寄宿舎の住環境の整備や安全衛生の確保のために定められた規定。寝室、食堂および炊事場、浴場、洗面所、洗たく場および物干し場、避難階段などについて細かく規定されている。

■被ばく防護は業者任せ

　労働安全衛生問題、とりわけ被ばく防護については、厚労省の管轄であり責任が大きいといえます。ところが現状では、労働安全衛生は業者任せになっており、除染電離則や除染ガイドラインは現場では守られておらず、ほとんど機能していません。そもそも、放射性物質が広範に拡散した環境での作業という従来にない労働環境なのですから、法整備とガイドラインを含む規則は、雇用や労働のあり方を含めた根本的な転換が必要であり、その転換を労働現場で実施させるための具体的な手段が必要です。

　厚労省は、除染電離則とガイドラインを作成していますが、その内容は、実際に忠実に行うためには大がかりな設備や手間が必要であることから、事業者の判断に任せる内容が多いのです。たとえば、食事や喫煙を行う除染作業員の休憩所の問題は典型的で、法の趣旨にのっとり労働者の安全を考えれば、外気を遮断し空気清浄機を備えた休憩所を設置すべきです。しかし実際には、ガイドラインでは外気の入らない車の中でよいとか、それが困難であれば事業者の判断で屋外の風上側でよいとか、業者判断で緩和することが可能になっています（97頁参照）。もし現状に合わない法制度を設定しているのであれば、法制度の取り扱いを業者判断でなし崩しにさせるのではなく、プレハブ休憩所の設置を義務づけるなど簡易な方法を提示したり、業者のコスト意識を変えさせる努力をすべきです。

　放射線被ばくの危険性を含む安全教育も杜撰です。環境省による講習テキストのごく一部をコピーして渡すこともありますが、ほとんどは資料も

渡さずに行われており、十分な安全教育が行われているとはいえません。その結果、福島第一原発から10 km付近での除染であるにもかかわらず、マスクすらせずに除染を行っている実態が確認されているし、自分の被ばく線量を知らない労働者も多くいます。これらの問題は、業者任せにすれば労働者の安全衛生は守れないことを明確に示していますが、厚労省は改善のための有効な手立てをとっていません。

事なかれ主義という各省に共通する問題

　新たに国の責任で開始した産業分野に対して、積極的に国による構造的適正化を行う意志がなく、問題点の調査も行わないというのが、各省に共通した根本的問題だと考えます。

　環境省も厚労省も「問題があれば個別に対応するので情報提供をしてほしい」という態度であり、しかも、その「問題がある」と判断する基準や違法性認識の基準がきわめて甘い。基本的にすべてゼネコンJVに丸投げした事なかれ主義で、除染労働者を保護しようという意志や除染事業を健全で有効な施策として維持しようとする意志が感じられません。彼らの態度からは、避難生活で呻吟する被災者に、安心できる生活を提供するための事業を行おうという気持ちが感じられないのです。

■関係府省に告発しても

　危険手当の不払いや「手抜き除染」が社会的な問題となり、労働局・労基署および元請JVによる現場調査が行われていますが、実態をあぶり出すものにはなっていません。たとえば、労働者個人への聞き取りでは、労働者が一列に並ばされ、業者・現場監督の監視のもとで聞き取りが行われたケースもあります。業者や同僚の監視のもとでは、とても実態を証言できる環境ではありません。また、福島労働局による労働条件等の確保徹底の要請を受けて元請JVが実施した労働条件等5項目アンケート（労働契

約書の有無、寮費等を引かれているか、など)では、業者が労働者にウソの記載を要求し、これを拒否した組合員を解雇するケースがいくつも報告されています(89頁参照)。

　このように問題が明らかになりにくい状況のもと、それでも労働者が、雇用や労働条件の問題を関係府省やその出先機関に直接訴えるケースが多々あります。しかし、告発を受けた関係府省の対応は、元請や業者への指導という形にとどまっています。現場への調査も抜き打ちではなく、あらかじめ業者に連絡があり、業者により調査の場が準備されているのです。そのため、業者は容易に問題を隠蔽できるし、労働者に対する箝口令と口封じの対策をとることができます。告発者は保護されず、現場では告発者捜しが行われます。告発者が特定されれば、その労働者を雇用する業者が丸ごと仕事を切られると脅され、その本人の「自発的退職」が強要されます。これを見ている他の労働者は、自らが解雇されることへの恐怖や同僚への配慮から、告発ができないという環境が生み出されているのです。

　このような関係府省の無責任・不作為の結果、労働者の雇用関係問題、労働安全衛生問題は、ほとんど実態が隠されており、違法状態や労働者に犠牲を強いる状態が野放しにされています。事実上、ゼネコンを筆頭とした業界と国の関係府省とが一体となり、現場で起こっている種々の問題を組織的に隠蔽しているといっても過言ではありません。

福島労働局による指導監督報告

　これらの問題について、私たち被ばく労働を考えるネットワークは、ネットワークに参加する地元労組(全国一般ふくしま連帯ユニオン、いわき自由労働組合)と協力し、具体的な相談案件をもとに福島環境再生事務所や労基署、福島労働局などに問題解決のための対応を要求して交渉を行ってきました。また、2013年2月28日には関係省等に対する要請書を提出し、直接の交渉を行いました。しかし、これらの府省や出先機関は、自分たち

の対応する案件や内容をできるだけ少なくすることに腐心するばかりで、積極的な反応はみられない印象を受けました。

　その一方で、危険手当不払い問題や「手抜き除染」問題は、復興のために被ばく環境で働く労働者や故郷を離れざるを得ない避難者をないがしろにするものとして、社会的に問題視され、徐々に注目されてきました。また、被害が国や東電に過小評価され補償が不十分な中で、除染が進まず帰還のめどが立たないことに、被災者の苛立ちはつのっています。これらを背景に、除染事業自体に批判が向けられる事態となりつつあるなか、2013年7月24日、福島労働局は、同局による除染事業者に対する監督指導結果の1～6月分を公表しました。

■監督指導した事業者の68％に労働基準関係法令違反

　福島労働局が「特殊勤務手当（除染手当）の問題をはじめ、賃金等の労働条件に関する相談を踏まえ、各事業場における労働条件の明示や賃金の支払い、労働時間等の労働条件に関する事項について重点的に調査しました」とするその資料によれば、この期間に同局が監督指導を実施した事業者数は388事業者で、その68％に相当する264事業者に何らかの労働基準関係法令（労働基準法、労働安全衛生法）違反がありました。この資料では、あわせて2012年4月から2013年6月までの違反事業者数も示しており、630事業者中372事業者に違反があったとしています（違反率59％）。

　2013年1～6月の264違反事業者による違反件数は684件で、そのうち労働条件関係の違反は473件（賃金や割増賃金の不払い、労働条件の明示や賃金台帳など）、安全衛生関係の違反は211件（線量測定や事前調査、特別教育や特殊健康診断の実施など）となっています（次頁の表3－1参照）。1つの違反業者当たり、平均して2.6件の違反をしています。1つの業者がいくつもの違反をしており、そのような業者が7割にも達するというのですから、除染事業に参入している業者がいかにひどいかが見てとれます。

またこの資料では、2013年1～6月に労働条件関係の違反が増加している理由として、「平成24年11月以降、特殊勤務手当（除染手当）の問題を始め、賃金等の労働条件に関する相談が多数寄せられたことから、各事業場における労働条件の明示や賃金の支払、労働時間等の労働条件に関す

表3-1　主な違反内容

●労働条件関係

(件数)

		2013年1月～6月	累計(2012年4月～2013年6月)
賃金等の労働条件の明示（労基法第15条）		82	93
賃金不払（労基法第24条）		67	73
内訳	・労使協定の締結なく、親睦会費や寮費・食費等を賃金から控除していたもの	36	38
	・内部被ばく測定に要した時間に対する賃金を支払っていなかったもの	6	9
	・特別教育受講に要した時間に対する賃金を支払っていなかったもの	16	20
労働時間（労基法第32条）		53	57
割増賃金の支払（労基法第37条）		108	110
労働者名簿の作成（労基法第107条）		52	59
賃金台帳の作成（労基法第108条）		90	97

●安全衛生関係

(件数)

		2013年1月～6月	累計(2012年4月～2013年6月)
安衛法第22条	線量の測定（除染電離則第5条）	13	21
	事前調査（除染電離則第7条）	20	54
	作業の指揮者（除染電離則第9条）	6	11
	退出者の汚染検査（除染電離則第14条）	14	31
	持出し物品の汚染検査（除染電離則第15条）	2	14
	保護具の使用（除染電離則第16条）	7	16
	放射線測定器の備付け（除染電離則第26条）	0	8
安衛法第59条	特別教育の実施（除染電離則第19条）	16	30
安衛法第66条	特殊健康診断の実施（除染電離則第20条）	8	29

出所：福島労働局「除染事業に対する監督指導結果」

る事項について重点的に調査した結果と考えられます」と記載しています。福島労働局としては、除染事業に対して社会的な厳しい目がある中で、この発表により、きちんと仕事をしていることを主張したかったのでしょう。しかし、多くの告発や相談があったことで調査を強化したら見つかった違反が増えたということは、逆に、労働局による調査は現状では決して十分ではないことを意味しています。実際にどの程度改善されたのかを、業者への抜き打ち調査などで実施する必要もあるでしょう。

内閣府、農林水産省、東電の問題点

■除染モデル事業では、原発内並みの被ばくも

　除染事業を実施しているのは、実は環境省だけではありません。2011年度の除染モデル事業は内閣府の発注であったし、農林水産省も農地除染を行っています。しかしながら、これらの府省は環境省ほどの制度的枠組みすらつくっておらず、一般的な工事のような取り扱いをしています。これらの除染に従事した労働者からは、危険手当がない、放射線管理手帳も発行されていない、という訴えがありました。

　とくに、内閣府による除染モデル事業は非常に高線量地域で実施されています。事前モニタリングによって測定した空間線量率がもっとも高かった大熊町夫沢地区（55 〜 134μSv/h）における除染では、108日にわたって304人が作業を行い、もっとも被ばく量の多かった作業員は11.6mSvでした。これは、同じ作業を5年間続けると129mSvの被ばくをする計算となり、除染電離則に定める100mSvを超えてしまいます。このように原発内に匹敵するような汚染された場所での除染作業であったにもかかわらず、労働条件などはあまり社会的に明らかになっていません。このモデル事業の結果を踏まえ、除染事業おける放射線防護がどのように策定されたかについても、明示されていないのです。

■旧警戒区域内の除染以外の事業に携わる人たちにも安全対策が必要

　また内閣府は、除染事業以外にも旧警戒区域内でのさまざまな事業を民間に発注しています。たとえば、警戒区域内の農業系汚染廃棄物の処理、死亡家畜の処理、避難者の一時帰宅や立ち入りに伴う安全管理業務、バス巡回や車牽引、パトロールなどです。これらも警戒区域内での国の発注事業である以上、環境省や厚労省のガイドラインに相当するような安全対策が必要ですし、危険手当が支給されるべきです。

　しかし、このような業務のひとつに従事した労働者からは、放射線講習もなく、タイベックどころかマスクも支給されず、一般健診・電離健診・内部被ばく測定もないという訴えがありました。

■農林水産省が行う除染事業の問題点

　農林水産省は、2012年2月から飯舘村と川俣町の40haの農地を対象に「農地除染対策実証事業」を行いました。奥村組、フジタ、西松建設などが受注して、表土削り取りや水による土壌攪拌(かくはん)・除去、反転耕などを行っています。

　農水省はこの実証事業の結果に基づいて「農地除染対策の技術書」を作成していますが、その「積算編」には、この農地除染実証工事で、公共工事設計労務単価に手当を加算して労務単価割増を適用したことが明記されています。この割増額は、環境省による除染事業の危険手当の根拠となる人事院規則特例に準拠しています。すなわち、この「農地除染対策実証事業」でも、環境省と同様の危険手当が発注者である農水省東北農政局から支出されています。ところが、飯舘村でこの農地除染に従事した労働者からの相談によれば、この事業で危険手当に相当する金額は労働者に支払われていません。

　この実証事業において、飯舘村長泥地区では毎時8.7μSvの空間線量の中で作業が行われており、多い人では5mSv程度の被ばくをしています。短期間に白血病の労災認定基準を上回る被ばくをしていることになります

が、農水省の評価は「放射線業務従事者の１年の被ばく上限である50mSvを大きく下回った」というものでしかなく、雇用業者も放射線管理手帳を発行していません。

　農水省による農地除染は、除染効果と作付け可能性ばかりが重要視され、基本的には環境省の除染事業と同じ問題をもちつつ、さらに労働者の安全管理に対する制度的杜撰さが目立つものになっています。

■東電100％子会社が除染事業に参入

　最後に、除染事業における東京電力の問題も付記しておきます。東電はいうまでもなく民間業者ですが、今回の原発事故を起こした原因企業であり、除染費用をまず支払う責任のある立場であること、さらに2012年７月31日に原子力損害賠償支援機構が東京電力への１兆円の出資を行い、議決権の50.11％を握って実質国有化されたことから、東電も除染事業を担う国の機関に準じた立場にあります。このような立場の東電が、除染事業で収益を上げることなど認められるわけがありません。

　ところが実際には、東電100％子会社が除染事業に参入しています。しかもそのような東電子会社のひとつであるO社は、田村市本格除染でのD社による危険手当等不払い、放射線管理手帳の不発行、労災もみ消し、暴力事件（86ページ参照）などについて、その直上の二次下請会社としての責任があります。D社は、労働者の支払いに十分な金額をO社と契約しておらず、O社は自ら労働者の賃金をピンハネしているか、少なくとも十分な支払いができない契約をしていたことを自覚していたはずです。しかしO社は、被害労働者の求める団体交渉と危険手当の支払いを門前払いで拒否しました。O社は、事実上東電の一事業所として機能しており、東電の意向から離れて除染事業を行っているはずもないし、東電には少なくとも100％親会社としての責任が問われます。このような東電に対して、筆頭株主として国の責任も問われることになります。

（なすび）

第4章 除染労働者の闘い
――いくつかの労働争議事例

楢葉町先行除染（元請・清水建設）：A社争議

　私たち被ばく労働を考えるネットワークの除染労働問題への取り組みは、2012年8月、楢葉町先行除染事業（元請・清水建設）の労働者・外川真二さん（仮名）から受けた、危険手当に関する相談からはじまりました（第1章8頁も参照）。この時期、危険手当の存在は一般には知られておらず、明示的に支払われていた労働者はほとんどいませんでした。

■危険手当ピンハネ問題が発覚

　外川さんは2012年6月末、ハローワーク新宿で楢葉町での除染の求人を見つけ、電話で労働条件を問い合わせ、日当10,000円、宿泊費・食事代は会社持ち（昼弁当代は400円）と確認し、仕事に行くことにしました。業者は郡山に本社のあるA社で、もともと労働者向けの寮などの経営をしていましたが、除染事業の開始を契機に参入した業者です。契約書はなく、口頭契約でした。外川さんは7月16日に現地入り、同17日に健康診断、18日に講習を受け、19日には楢葉町大坂地区・乙次郎地区で行われていた除染作業に合流しました。

　8月10日に7月分の給料と明細が渡されましたが、その約2週間後、A社が危険手当が支払われる旨の説明を行い、すでに支払った分との差額を書いた紙を各労働者にちらりと見せ、受領書サインを要求しました。ところが、人により金額が大きく異なったために不満が出て、数人がサインを拒否。たとえば、外川さんは7月に11日間働き、危険手当分は22,000円（1日2,000円相当）でしたが、10日でわずか1,000円（1日100円相当）

の人もいました。疑問をもった外川さんが被ばく労働を考えるネットワークに問い合わせを行ったことから、危険手当ピンハネ問題が発覚しました。

集まった労働者に追及されたA社社長は、「危険手当は1日10,000円だが、一次下請I社からはすべて込みで1人22,000円しか出ていないので、危険手当10,000円は払えない。さかのぼって日当を5,500円（当時の福島県の最低賃金5,360円のぎりぎりの金額）とし、さらに滞在費・食費を引かせてもらった。これはゼネコンからの指導」と説明しました（図4－1参照）。つまり、労働者が知らないうちに、会社都合で一方的に労賃や控除内容などの雇用条件を変更し、しかもそれをさかのぼって労働者に負担させるというのです。そして、このような変更の結果、危険手当を支払っても合計支払金額はもとの金額とほとんど変わらないことになります。その際、同じ仕事・生活をしていても「手配」ルートで中抜き金額が異なる

図4-1　給与明細書

●変更前（日給10,000円）の明細書

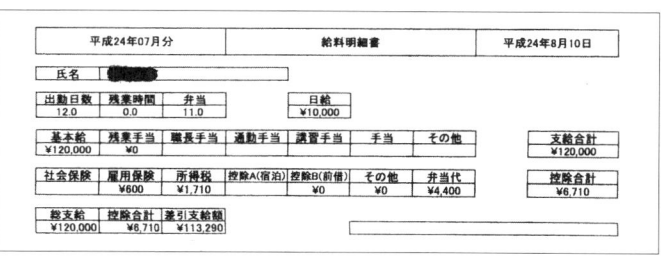

平成24年07月分	給料明細書	平成24年8月10日

氏名		

出勤日数	残業時間	弁当	日給
12.0	0.0	11.0	¥10,000

基本給	残業手当	職長手当	通勤手当	講習手当	手当	その他	支給合計
¥120,000	¥0						¥120,000

社会保険	雇用保険	所得税	控除A(宿泊)	控除B(前借)	その他	弁当代	控除合計
	¥600	¥1,710		¥0	¥0	¥4,400	¥6,710

総支給	控除合計	差引支給額
¥120,000	¥6,710	¥113,290

●変更後（日給15,500円−宿泊代）の差額を払った明細書

平成24年07月分	給料明細書	平成24年9月6日

氏名		

出勤日数	残業時間	弁当	日給
12.0	0.0	11.0	¥15,500

基本給	残業手当	職長手当	通勤手当	講習手当	手当	その他	支給合計
¥186,000							¥186,000

社会保険	雇用保険	所得税	控除A(宿泊)	控除B(支給)	その他	弁当代	控除合計
	¥930	¥4,180	¥40,000	¥113,290	¥0	¥4,400	¥162,800

総支給	控除合計	差引支給額
¥186,000	¥162,800	¥23,200

ことから、危険手当分として追加支給された差額が人により大きくばらつく結果となり、労働者が気づくことになりました。

■雇用業者A社と一次下請 I 社に対して争議開始

　外川さんをはじめ4人の労働者は、地元の組合・全国一般いわき自由労組に加盟し、被ばく労働を考えるネットワークが支援して、雇用業者A社と一次下請 I 社に対する争議、および元請・清水建設に対する要求を行いました。私たちは、口頭で契約した労賃の切り下げや滞在費・食費の天引きという一方的な労働条件の変更を認めず、口頭契約労賃＋危険手当の全額（外川さんの場合は10,000円＋10,000円＝20,000円／日）を要求し、また、上位業者の指導監督責任を問題にしました。

　これに対して業者側は、労働者が見たこともない「賃金控除に関する協定書」なるものを持ち出し、滞在費・食費の天引きは合意していると言い出しました。賃金控除の協定書は労働基準監督署に提出義務のないものなので、適当にデッチ上げればすむと思ったのでしょう。日付は7月分給与精算の締め日である7月31日に設定されていました。この書類に「従業員代表」と記載された名前の人物を知っている労働者はおらず（後に、他の現場にいるA社の関係者であることがわかった）、しかもこのような協定書が締結されたプロセスなど誰も聞いていません。当然のことですが、労使協定を結ぶ労働者代表は、選挙かそれに準ずる民主的手続きにより選出されなければならないので、このようなデッチ上げ「協定書」は無効です。

　またA社は、I 社と労働者との労働契約書があると主張したようですが、誰も労働契約書など交わしておらず、見たこともありません。業者が勝手に作文して、労働者にも見せず一方的に持っているだけの「労働契約書」など意味がありません。

　団交を進めるにつれてこういったデッチ上げや不当・不法事例が次々と明らかになり、雇用業者であるA社とその指導監督責任のある一次下請 I

社はどんどん旗色が悪くなり、私たちの要求を受け入れざるを得なくなりました。A社は自社の利害のことしか頭にありませんが、元請・清水建設との関係が深いⅠ社には、問題が元請・清水建設に波及しないことと、他の労働者が争議に立ち上がる前に火消しをしたいという意向がありありと出ていました。

■**労働債権全額を支払わせ、勝利的に解決**

　約2カ月にわたる争議により、4人は要求どおりの労働債権の全額を受け取り、争議は勝利的に解決しました。しかし、放射線管理手帳の発行は、元請・清水建設の意向である、として拒否。さらに、4人以外には「労働債権不存在の同意書」なるものを送りつけて説明もなくサインさせるなどの対応を続けました。その後、同じ現場で働いていた労働者2名が外川さんら4人と同様の要求を行い、同じように不払い分の労働債権を受け取ることができました。

　この争議での方針は、とにかくこちらの主張する労働債権をきちんと獲得することでした。1人1日10,000円の危険手当をきちんと受け取ること、口頭契約であろうと約束の労賃を受け取る権利があることを、実績として獲得し、すべての除染労働者に伝えることが最大の目的でした。この争議はいくつかの新聞・テレビニュースで報道され、危険手当の存在とそのピンハネの実態が広く社会化されることになったのです。

　これに対して環境省とゼネコン・業界の反応は早く、「最低賃金＋危険手当－経費控除」を内容とする雇用契約書の統一フォームが各業者に流され、就業当初からこれが用いられることになりました（48頁参照）。今後の運動で突破しなければならない課題となっています。

田村市本格除染（元請・鹿島建設JV）：D社争議

　2012年11月に発覚した田村市本格除染（元請・鹿島建設JV）のD社争議は、熊町栄さん（仮名）から電話があり、2012年11月25日に被ばく労働を考えるネットワークがいわきで行った労働・医療・生活相談会の場で詳細な聞き取りをするところから、取り組みが始まりました（第１章20頁も参照）。

■待機中の賃金支払いはなし、健康診断や講習の費用も自腹
　一次下請は鹿島同族会社のK社、二次下請は東電100%出資子会社のO社、そして争議の主な相手は三次下請・D社です。さらにD社の下には、法人登記のない業者による何層かの下請構造があり、表に出てこない形で人夫出しをしていました。
　9月下旬、交通費自分持ちで磐越東線・夏井駅（福島県小野町）に集められた労働者は、いったん山中の一軒家（ところどころ床の抜けた廃屋）に連れて行かれ、その後10月初旬、いわき市内の山中のキャンプ場にあるバンガローに移動させられました。食事提供は朝晩だけで、メニューは茹でた野菜一つかみと白飯のみ。食事のまかないをさせられた女性労働者は、１人の経費を朝100円、晩200円に抑えろと業者に指示されたと証言しています。所持金がない労働者は昼食をとることもできませんが、そもそも昼食を買うにも徒歩で行ける範囲に店はありません。肝心の仕事はなかなかはじまらず、10月半ばを過ぎるまで待機させられましたが、待機中の賃金は払われませんでした。
　労働者はさまざまな業者からD社に送られてきていて、総勢30人近くが同じ仕事をしていたにもかかわらず、賃金は10,000〜12,000円と違いがありました。危険手当についてはまったく聞かされていませんでした。時間外勤務の手当もなく、健康診断の費用や刈払い機の講習費用まで自分持

ちでした。

■ **人として扱われていないことに怒り**

　現場である田村市都路へは、業者の車で宿泊所から1時間半もかかります。宿泊所から現場までは労働者のひとりが運転をさせられていましたが、その時間の賃金は払われませんでした。現場では、内部被ばくの恐れのある除染作業にもかかわらず、作業服どころかマスクも支給されませんでした。草刈り機の刃が消耗しても、業者がケチって替え刃も支給されません。「これでは仕事にならない」と頭にきた労働者が、現場担当者に「自分でお金を出すから買ってきてくれ」と言ったらいやな顔をされたといいます。

　12月初旬、四国から来ていた労働者に宿泊所から現場まで慣れない雪道を運転させたため、5人の乗っていた業者の車が横転事故を起こしました。

田村市に向かう途中の通勤労災事故現場
〔写真提供：除染労働者Oさん〕

　うち4名は体の痛みを訴えましたが、D社とO社の現場担当者は、近隣に病院があったにもかかわらず、労災を隠蔽するためにわざわざ遠方の病院に行くよう指示しました。そして現場担当者は、4人の被害労働者が知らないうちに、病院に対して通院なしの処理を自賠責で行っていたのです。これは、業者の指示で車に乗って移動中の事故だったので、少なくとも運

転手にとっては業務中の労災であるし、同乗していた労働者にそれが認められなかったとしても、少なくとも通勤労災に相当します。これを隠蔽するため、現場担当者は被害労働者に対して「労災にしたくない」「除染作業の腕章も外していけ」と言い、遠方の病院に行くよう指示したのです。

またこれとは別に、危険手当について説明を求めた労働者に対してD社の現場管理者が暴行を働いたこともわかっています。

上記のように、この現場は、労働者の権利など無視して好きなように労働者を扱い、意に反する労働者には暴力を働く、いわゆる半タコ・ケタオチの現場（タコ部屋同然で、低賃金・劣悪労働条件の現場）でした。労働者は単に賃金の問題ではなく、労働者として、人間として扱われていないことに何よりも怒りを訴えていたのです。

■元請・鹿島、K社、O社、東電に抗議・申し入れ

立ち上がった労働者25名は全国一般ふくしま連帯ユニオンに加入し、被ばく労働を考えるネットワークとともに、雇用業者であるD社への争議を開始。労働者たちは、危険手当や時間外手当、自腹だった健診費や講習費用の支払いを求めるとともに、横転事故の労災適用や放射線管理手帳の発行などを求めて、団体交渉を要求しました。

団交の中で、D社と上位のO社との間での契約は人工当たり20,000円であり、楢葉町先行除染の案件と同様に、はじめから口頭契約労賃＋危険手当を支払えない金額で業者間の契約が行われていることが判明しました。実際、D社が危険手当に関する認識がまったくなかったことが、争議の過程で明らかになりました。除染事業の内容も理解せずに「除染は儲かる」と思って警備事業から進出したD社も問題ですが、下位業者の無知を承知のうえで無理な委託契約を結ぶ上位会社やゼネコンは許しがたいし、そもそも建設業法上の指導監督責任が問われます。私たちは、元請・鹿島建設、K社、O社に対しても何度か交渉を要求しましたが、「危険手当分は支払い済み」として拒否されました。

2013年3月1日には、東電本社を含めたこの4社に対して申し入れと社前抗議行動を行い、大阪などからも日雇いの支援者がかけつけて、約90名で抗議の声をあげました。鹿島建設、K社、東電はしぶしぶ要求書を受け取ったものの、O社は入り口での私たちの訪問に居留守を使い、不誠実な対応に終始したのです。

D社との団体交渉の結果、労働者の自己負担とされていた講習費等や時間外勤務手当の支払いを業者側は約束し、放射線管理手帳の発行なども行われました。危険手当の不払いについては、雇用業者であるD社は団交の場で認めましたが、D社には全額支払いの能力はありません。一方、上位業者は上記のように危険手当の不払いを認めなかったため、交渉は長引きました。結局、およそ半年かかって、D社が労働者の求めた労働債権の全額とほぼ同額の「解決金」を支払うことで勝利的に決着しました。実際には、上位会社がこれを工面したことがうかがえました。

楢葉町本格除染（元請・前田建設工業JV）：T社争議

■偽装請負・違法派遣の状態で
葛尾村先行除染（元請・奥村組）に従事

秋田県出身の原田正さん（仮名）は、手配業者を通じて各方面への出稼ぎにより生計を立て、原発での被ばく労働の経験もありました。2012年6月末から9月にかけて、葛尾村での環境省発注の先行除染事業（元請・奥村組）に従事。もうひとりの仲間とともに、いつものK工業（青森県）を通じ、T社（いわき市）の下で働くことになりました。

K工業は東北の労働者を集めて送り出す人夫出し業者で、法人登記はないし、この除染事業での請負系統図にも出てきません。原田さんは、現場ではT社の人間として働き、T社の監督から指示を受けますが、賃金はK工業の社長夫人名で原田さんの口座に振り込まれていました。つまり、典型的な偽装請負・違法派遣だったのです。当初の約束は1日15,000円で

したが、現地に着いてみたら11,000円しか出せないと言われました。頭にきて「帰る」と言いましたが、秋田から福島までの交通費も出なかったので、わざわざ来て損して帰るのもいやなので、やることにしたといいます。危険手当についてはまったく聞かされませんでした。

同じ現場には70〜80人の労働者がいましたが、みな同じように集められた労働者でした。

■恫喝と暴力による労働者支配を行うT社

まともな放射線教育はないし、作業服や手袋も自分持ち、はじめはマスクもありませんでした。仕事は、伐採した木や草を斜面で集め、大きな袋に入れて引き上げるというきついものです。9月末までこの葛尾村先行除染で働きましたが、待機も多く待機期間の賃金は払ってもらえなかったので、思ったほどの稼ぎにはなりませんでした。もう除染には行かないつもりでしたが、T社社長から「楢葉町では二次下請で入るから単価が上がるから」と熱心に声をかけられ、楢葉町の除染にも同じ業者関係で入ることになりました。

この地元業者・T社は、実際の支払いと異なる契約書に無理矢理サインさせるだけでなく、ヤクザとのつきあいをほのめかして日常的な恫喝と暴力を行い、労働者の搾取・支配を行っていました。反抗的な労働者を個別に待ち伏せ、拉致まがいのことをしたり、同僚へのスパイをさせたり、同僚に組合への相談を持ちかけた労働者を見せしめ的に即日解雇し、宿舎をたたき出したりしていました。この業者Tに対して、原田さんほか4名が、楢葉町本格除染をめぐり労働争議を開始します。

■偽造労働契約書にサインを求められる

原田さんは、一度故郷に帰ってから、今度は楢葉町本格除染に入りました。葛尾村のときと同じT社の現場です。今回も待機期間が長く、また、仕事が始まっても結局単価は上がらず1日11,000円のままで、期待はあっ

さり裏切られました。原田さんと一緒に入った労働者は他に４人いて、Ｔ社の同じ宿舎に泊まって同じ仕事をしているのに、岩手の川島さん（仮名）は１日10,000円（後に9,000円に下げられる）、若い戸田さん（仮名）は6,000円しかもらっていませんでした。

　Ｔ社直雇用の労働者は日常的に社長に殴られて流血しているし、賃金はは１日2,000円しかもらっていないとか、実際はずっとタダ働きさせられているといった噂が流れていました。下請経由でＴ社に入っている人間にはそこまでの行為はしませんが、Ｔ社社員への暴力や恫喝を日常的に見ているので、不満があっても抗議をしにくい状況がありました。

　2012年11月末、Ｔ社社長から１日16,000円の金額が書かれた労働契約書（労賃6,000円＋危険手当10,000円）が示され、それにサインするよう言われました。賃金が上がるのかと思ったら、Ｔ社長は「これは形だけだから。賃金は今までと同じだから」と言ったのです。原田さんは渋々サインをしましたが、サインしなかった労働者もいました。川島さんは、そのへんで買ってきた三文判がすでに押された契約書を渡されましたが、嘘は書けないのでサインをしませんでした。サインしなかった契約書には、会社関係者が左手で勝手に名前を書き込んでいました。金額の入っていない契約書にサインさせられた人もいました。これらの虚偽・偽造労働契約書はすべてＴ社が回収し、労働者には渡されませんでした。

■元請が実施したアンケート調査に正直に答えたら解雇

　2013年に入ってからも除染事業での偽装請負やピンハネの問題が報道され、さらに"手抜き除染"が大きな問題になり、労働局の指導により元請JVのアンケート調査や聞き取り調査が行われるようになりました。２月、「危険手当はもらっている」「寮費・食費などを引かれていない」といった５項目アンケートがあり、川島さんは、事実に基づいて○をつけずに出しました。するとＴ社社長に「○を書かないと仕事はできないから」と言われ、一方的に解雇されたのです。

このアンケートを見て、原田さんは「元請から寮費・食費が出ているのではないか」と直感しT社社長に言ったところ、社長は「1日1人当たり18,000円をT社が受け、それをK工業に12,000円で出し、本人には11,000円払っている」と返答。33％をピンハネしていることを当然のように話しました。
　2013年2月末、別業者S社手配でT社の現場にいた若い労働者が、S社社長に恫喝され怯えていました。S社社長はT社社長と兄弟分で、どちらも地元の暴走族あがり。見かねた原田さんがこの若い仲間に労組の労働相談のビラを渡したところ、T社社長に従順な労働者に見つかり、社長に密告されました。ちなみにこの労働者は賃金明細をもらっており、その内訳には危険手当が明記されていましたが、その額は1日1,000円でした。

■**労働基準監督署の査察では、公然と口裏合わせが**
　3月中旬、労働基準監督署に労賃や危険手当の問題で申告があったとのことで、T社に労基署の査察が入り、3月22日に労災死亡事故があった現場に職員が来ました。T社社長はあらかじめ査察情報を知っており、「労基が入るので、次のように答えるように」と指示がありました。それは「自分はT社社員。給料は16,000円、現金払いでもらっている」などでした。虚偽・偽造雇用契約書の内容に沿って口裏を合わせ、しかも現金受け取りならどこにも金額の証拠がありません。査察情報が業者に伝わっていることにも驚きましたが、こんな口裏合わせが公然と行われることにも驚いたといいます。
　このとき原田さんは、T社社長から電話で「もう帰っていい」と即日解雇通告を受けました。その理由として社長は、2月末に労働相談のビラを若い労働者に渡していたことと、労基署に危険手当のことなどを申告したことを挙げました。ビラを渡したのは事実ですが、労基署への申告はしていないので、反論しました。一緒にK工業手配で来て6,000円で働かされていた戸田さんは、待遇も悪くいやなので、原田さんが解雇された後、現

場から逃げました。仲間とは連絡を取り合い、逃げた滞在先からT社社長に辞めると連絡をしました。

■危険手当や解雇予告手当などを求めて争議を開始

　この案件は労基法違反、労働契約法違反、派遣法違反など、法律違反がてんこ盛りです。一般にいわれる「ブラック企業」の比ではありません。労働者は被ばく労働を考えるネットワークに相談し、全国一般いわき自由労組に加入して、危険手当や解雇予告手当などを求めて、争議を開始しました。

　4月2日、争議当該3人を含む約20人が、第1回団交のために小名浜にあるT社を訪れました。社長は逃げ、取締役を名乗る妻が「今日は話を聞くだけ」と言い、3月に渡した要求書への回答は何ひとつ用意していません。「賃金台帳はあるだろう」といっても、「それもお答えできません」という始末。さらに、同席した社労士がワーワー恫喝まがいの横やりを入れ、まともな話し合いになりませんでした。2時間以上のやりとりでも何の回答もなく、改めて次回団交日程を確認してその日の団交を終えました。

　翌4月3日、いわき労基署に対して、この問題に関する労基法違反等の申告を行いました。また、この日の午後には、若い労働者を恫喝していたS社に対して、団交要求書を持って押しかけました。ここでも社長は雲隠れしていましたが、私たちが到着すると同時に、T社社長がその現場から車で逃げ去ったことを原田さんが確認していました。

　この2日間の行動は、まともな団交では相手にならない業者に対して、とくに労働者への恫喝を食い止めることを最大の目的としたものでした。しかし、それ以上の具体的な成果が獲得できず、いまだに争議は継続中です。現在T社は弁護士を立て、団交を拒否し居直り続けています。このような業者を使い続ける前田建設工業の責任も追及しつつ、今後も粘り強く争議を継続するつもりです。

楢葉町本格除染（元請・前田建設工業JV）：T工業争議

■環境省にマスク装着などの指導を要請したら退職強要される

　熊町栄さん（仮名）は田村市都路の本格除染に入っていましたが、その終了後の2013年2月、以前から話のあったT工業から楢葉町本格除染に入りました（第1章25頁も参照）。二次下請・T工業と一次下請・G社は偽装請負関係にあり、熊町さんは同じ日付の労働契約書を2種類——T工業とG社それぞれとの契約書——結んでいました。現場の安全衛生上の問題（トイレ・マスク）も感じていたのですが、3月22日の労災死亡事故（25頁参照）のあとに行われた作業手順改定の周知会が形式的で杜撰だったので、熊町さんはJVの担当者に文句を言ってG社に周知会をやり直させました。

　3月下旬からは、汚染土壌詰め替え作業に従事しました。土ぼこりや粉塵がひどかったのですが、簡易マスクしかありません。現場から運ばれてくるフレコンバッグの記載表示には4～5μSvとあり、不安になったといいます。G社担当者から「マスクとゴーグルは現場で用意します」と話があったのですが、その後もずっと支給されませんでした。4月初旬には元請JVの担当者にも訴えましたが、「しかたがない」といった対応。そのため、休憩中に電話で環境省に指導を要望したところ、作業再開後そのJV担当者がマスクを持ってきました。

　ところがその直後、マスク担当者とされる別のJV社員が「電話をしたのは誰だ」と言い、正直に名乗りをあげた熊町さんはプレハブに連れて行かれて、繰り返し叱責されたのです。夕食後、T工業社員からも、「環境省に内部告発するようなところとは一緒に仕事はできない」とG社から言われたとして、約30分にわたり責め立てられました。さらに翌日の夕食後、熊町さんだけ残されて「今晩中に同意しろ」と夜中まで延々と退職を強要されたのです。知らせを受けた労組メンバーがその場に駆けつけ、やり取

りのうえ、熊町さんを救出しました。

■安全対策問題は今後の大きな課題

　4月10日、全国一般ふくしま連帯ユニオンからT工業に団体交渉を申し入れ、「紛争解決金」が支払われて争議は勝利的に解決しました。

　この案件は、労働者が現場の問題をきちんと手順を踏んで何度も訴えているにもかかわらず、まともな対応がされないばかりか、それを外部に告発したら責め立てられ、雇用業者ごと全員を切ると脅されて、退職強要されるという実例です。先にも、国やJVからの調査に正直に回答すると解雇される事例を挙げましたが、現場の問題の告発があればそれは行政機関から業者に筒抜けで、告発者本人のみならず同僚まで一緒に解雇されると恫喝されます。告発者はまったく保護されず、実質的に、環境省―JV―下請業者が一体となって問題を隠蔽しているのです。

　現在は、大熊町や浪江町などきわめて線量の高い地域でも除染が行われており、被ばくを防ぐための労働安全衛生が深刻な問題になっています。実際、熊町さんのいた現場は、個人線量管理が必要な現場であった可能性があります。その中で、安全対策放置は手抜き除染にも匹敵しうる、深刻な問題となっています。

（なすび）

第5章 除染労働者の健康と安全を守る法と制度

▌新しい有害業務「除染労働」

　職場には、さまざまな有害要因と接する機会があります。たとえば、墜落するかもしれない高いところでの作業、間違えば手を巻き込まれそうな機械を扱う作業、吸い込めば病気になる可能性がある化学物質を使う作業というように、人は危険と隣り合わせで働いています。有害要因のために健康を損なうことがあってはならないので、労働条件の最低限の基準として労働安全衛生法という法律が定められています。そしてたくさんある有害業務それぞれについて、法律に基づく規則を設けることによって、労働者の健康を守れるようにしているわけです。

　しかし、2011年3月11日の福島第一原発事故により放射性物質が大量にばらまかれ、これまででは考えも及ばなかった新たな有害業務が出現することとなりました。いわゆる「除染労働」です。

　放射線や放射性物質を取り扱う作業者の健康障害を防止するため、電離放射線障害防止規則（以下、「電離則」という）という規則は前からあって、原子力発電所や放射線を利用する工場や医療機関などの放射線業務従事者に適用されてきました。ところが、建物の中で管理されているはずの放射性物質が屋外に放出され、誰もが行き来する地域の土壌、草木、工作物が汚染されてしまい、これらを取り除く業務が必要になったのです。電離則は、管理された放射性物質等を扱う業務を大前提につくられていて、除染作業のように広く地域全般の汚染物を取り除く業務を想定していません。そのため政府はあらためて、除染という作業での放射線障害を防ぐため、2011年12月、「東日本大震災により生じた放射性物質により汚染された土

壌等を除染するための業務等に係る電離放射線障害防止規則」(以下、「除染電離則」という。117頁参照)という新しい規則をつくりました。

たしかに除染電離則は、これまでの電離則とはまったく違う種類の作業を規制するためにできたものですが、放射線障害を防止するという目的は一緒です。だから、労働者の被ばく限度の設定や、個人被ばく線量の測定、記録・保存の義務づけなどの規定は、ほとんど電離則と同じです。

ただ、これまで被ばく労働と無縁であったたくさんの除染労働にかかわる労働者に、間違いなく放射線障害防止の手立てを行き渡らせるためにいろいろな特別な取り決めをつくっているのです。

放射線障害を防ぐための「除染電離則」とガイドライン

■2.5μSv/hは5mSv/年──屋外の管理区域

まず、除染電離則は、除染等業務または特定線量下業務を行う事業者と、その事業者に雇用される除染等業務従事者または特定線量下業務従事者を対象とするものです。ちょっとわかりにくいですが、まず「除染等業務」とは何かというと、①土壌等の除染等の業務、②廃棄物収集等業務、③特定汚染土壌等取扱業務、ということになります。これらを具体的に示すと、次頁の表5-1のとおりです。

そして「特定線量下業務」とは、放射性物質汚染対処特措法に規定する除染特別地域等の2.5μSv/hを超える場所で行う除染等業務以外の業務のことをいいます。つまり、復旧の進展にともない、放射線量が高いけれども除染等業務以外の業務を行う労働者も、この除染電離則の対象として対策を義務づけるということです。

さて、規制の中身ですが、まず除染等業務従事者の受ける被ばく線量がより少なくなるよう、低減化に努めるという、放射線障害防止の基本原則を掲げています。設定された限度までなら被ばくしてもかまわないのではなく、可能な限り被ばく線量を低く抑えることを求めています。

次に被ばく線量の測定については、作業場所の平均空間線量率が2.5μSv/hを超える場所において除染等作業を行わせるときは、外部被ばく線量については個人線量計により測定するとしています。2.5μSv/hという数字が何を表しているかというと、週40時間で52週換算すると、5mSv/年に相当することになり、これは電離則で個人線量測定が義務づけられている管理区分の設定基準となるわけです。

　被ばく線量限度については、男性または妊娠する可能性がないと診断された女性について、5年間につき100mSv、かつ、1年間につき50mSv、女性は3カ月間につき5mSv、妊娠中の女性については、妊娠期間中につき1mSvとされています。なお、複数の事業場であったり、原子力発電所での放射線業務もある場合には、これらを合算して限度を超えないようにしなければなりません。つまり、事業者が新たに雇用した除染等業務従事者については、過去の被ばく線量の記録を確認する必要があります。

　そして被ばく線量の測定記録は、事業者に30年間保存することが義務づけられています。ただし、5年間保存した後に厚生労働大臣が指定する機関に引き渡すときはこの限りではないとしています。また、除染等業務従事者が離職したときも同様で、さらに除染等事業者がその事業を廃止すると

表5-1　除染等業務とは（除染特別地域等内における以下の業務）

1　土壌等の除染等の業務	汚染された土壌、草木、工作物等について講ずる当該汚染に係る土壌、落葉および落枝、水路等に堆積した汚泥等（以下「汚染土壌等」）の除去、当該汚染の拡散の防止その他の措置を講ずる業務
2　廃棄物収集等業務	除去土壌や汚染された廃棄物（当該廃棄物に含まれるセシウム134およびセシウム137の濃度が10,000Bq/kgを超えるものに限る）の収集、運搬または保管に係る業務
3　特定汚染土壌等取扱業務	セシウム134とセシウム137の濃度が10,000Bq/kgを超える汚染土壌等を取り扱う業務であって、上記2つの業務以外の業務

きは、その記録を厚生労働大臣が指定する機関に引き渡すこととしています。この「厚生労働大臣が指定する機関」とは公益財団法人放射線影響協会が運営する放射線従事者中央登録センターのことで、従来原子力施設の放射線業務従事者を対象に行われてきた被ばく線量登録制度と同様に、一元的に被ばく線量を登録する制度への参加を推奨するものとなっています。

■事前調査の義務づけとその内容の労働者への明示

次に、被ばく低減のために除染電離則はどのような措置を求めているでしょうか。

まず事前調査を義務づけていて、その結果を記録することとしています。記録すべき内容は、場所の現況、平均空間線量率（$\mu Sv/h$）、除染等作業の対象となる汚染土壌や除去土壌、汚染廃棄物に含まれるセシウムの濃度とされています。そしてその内容は、従事する労働者に書面の交付等により明示しなければなりません。

そして除染等の業務を行うときには、あらかじめ作業計画を定めて周知し、その計画に基づいて作業を進めなければなりません。作業計画の内容としては、除染等作業の場所・方法、除染等業務従事者の被ばく線量の測定方法、除染等業務従事者の被ばく線量の低減措置、使用する機械・器具等の種類および能力、労働災害が発生した場合の応急の措置となっています。

■屋外での昼食休憩は風上で

このうち、作業の場所には、①飲食・喫煙が可能な休憩場所、②退去者および持ち出し物品の汚染検査場所を含み、被ばく低減の措置には、①空間線量測定の方法、②作業短縮等被ばくを低減するための方法、③被ばく線量の推定に基づく被ばく線量目標値の設定を含む、としています（除染等業務に従事する労働者の放射線障害防止のためのガイドライン）。また飲食場所については、原則として車内など、外気から遮断された環境とすることとし、これができない場合は、①高濃度の土壌等が近傍にないこと、

②粉塵の吸引を防止するため、休憩は一斉にとることとし、作業中断後、20分程度、飲食・喫煙をしないこと、③作業場所の風上であること、風上方向に移動できない場合、少なくとも風下方向に移動しないこと、という要件を設定しています。

除染等業務を行うとき、事業者は作業指揮者を定め、除染等作業の手順・従事者の配置、除染等作業に使用する機械等の点検等、放射線測定器・保護具の使用状況の監視、作業箇所への関係者以外の立入禁止を確実に行わせなければなりません。

このほか、除染等業務の元方事業者はあらかじめ作業届を労働基準監督署に届け出ること、限度以上の被ばくをした場合などにおいては、医師に受診し、その結果を労働基準監督署に届け出ることとされています。

■労働者への特別教育の実施

業者は労働者を除染等業務に就かせるときには、学科4時間、実技1時間30分の特別教育を実施しなければならないとされています。その内容は次のとおりです。
- 電離放射線の生体に与える影響と被ばく線量の管理の方法に関する知識（学科）
- 除染等作業の方法に関する知識（学科）
- 除染等作業に使用する機械等の構造と取扱いの方法に関する知識（学科）
- 関係法令（学科）
- 除染等作業の方法と使用する機械等の取扱い（実技）

累積被ばくの一元管理が必要

■30年間被ばく線量の記録の保存を事業者に義務づけ

放射線障害には、被ばくから相当年数を経過した後に発病するという、晩発性の発病を含んでいます。がんの誘発はそのひとつで、白血病のように数年で影響が出るものから、数十年に及ぶものまであるとされています。また、放射線特有のがんなどというものはなく、被ばくによって、確率的に

発病率が高まるという確率的影響としての特徴だけがあるのです。つまり、唯一、放射線を被ばくした時期とその線量が、病気を引き起こすことにどの程度寄与したかどうかを判断する根拠となるわけです。また、発病を早期に発見するうえでも被ばくの履歴は大きな意味をもつことになります。

このような放射線障害の特徴から、電離則や除染電離則では、被ばく線量の記録を30年間保存することを事業者に義務づけています。しかし、放射線業務は1つの事業所だけで行うとは限りません。除染業務であっても、ある時期にはA社の仕事、その後はB社でということがあるかもしれません。規則では、新たに労働者を雇い入れ除染等業務に就かせるときには、健康診断を行うこととなっていて、その項目の中に「被ばく歴の有無（被ばく歴を有する者については、作業の場所、内容及び期間、放射線障害の有無、自覚症状の有無その他放射線による被ばくに関する事項）の調査及びその評価」がありますので、2つ目のB社では、前のA社の被ばく履歴を本人から聞いて、それを合算して合計被ばく線量を記録すればいいこととなります。

しかし、肝心の当該労働者が被ばく履歴を正確にデータとして把握しているかどうかという問題があります。もちろん最初のA社が退職時に被ばく履歴を書類で交付するとすれば、それをB社での健康診断時に持参すればよいのですが、それが必ず行われるとは限りません。また、A社がきちんと法令どおり被ばく履歴を文書で必ず交付するという保証もありませんし、B社がしっかり書き取るということも場合によってはできていないということもありそうです。

何ら悪意がなくても、個人の累積被ばく線量という大事な情報を、法令上の義務とはいえ何十年もの間、事業者の手に委ねるというのは、いかにも不安定極まりないことといえるでしょう。

■「除染等業務従事者等被ばく線量登録管理制度」がスタート

そのような問題に対処するために、原子力発電所の事業が各地で開始さ

れしばらくたった1977年に「被ばく線量登録管理制度」が発足、原子力施設だけに限定されたとはいえ、放射線従事者中央登録センターが設置されたのです。被ばく線量の記録を登録し、被ばく管理手帳の交付を受けた人だけが原子力発電所内で放射線業務に従事することができ、そのデータは登録センターに永久に保存される仕組みです。

　除染等業務においては、厚生労働大臣が指定する機関として、最初から中央登録センターが指定されてはいたのですが、それは単に「引き渡すことができる」とされているだけで、原子力施設のように、事実上の義務化というところまでは行っていませんでした。

　しかし、除染作業に携わるゼネコン7社、線量管理関係事業者2社などが参加した検討会が開かれ、2013年11月15日より「除染等業務従事者等被ばく線量登録管理制度」がスタートしました。国、公益企業発注分から開始し、地方自治体発注のものも環境省と連携して地方自治体と協議、線

図5-1　被ばく線量登録管理制度の概要

1　放射線管理手帳の統一的運用
　　元請事業者又は放射線管理を独自に実施できる関係請負人は以下の事項を実施。
　　①関係請負人が作成した発行申請書に基づき、**手帳の発行申請**
　　②定期的に関係請負人に**被ばく線量を通知**するとともに手帳に記載
　　③関係請負人が提出する**除染・電離健康診断記録、特別教育記録**を確認し、手帳に記載

2　線量の登録、経歴照会等の実施
　　元請事業者は、以下の事項を実施。
　　①四半期ごとに全ての労働者の**被ばく線量等を電子媒体で中央登録センターに登録**（**定期線量登録**）
　　②専用端末から除染従事者等の**過去の被ばく線量等を照会可能**（**経歴照会**）
　　③除染従事者等について、**原子力システムの経歴情報**を照会可能（**システム間相互照会**）

3　線量記録及び健診結果の引き渡し
　　元請事業者は、以下の事項を実施。
　　①工期の完了時に**線量記録を中央登録センターに引き渡す**（法令上の保存義務免除）
　　②工期の完了時に、関係請負人が提出した**除染・電離健康診断記録**を中央登録センターに引き渡す（法令上の保存義務免除）

出所：「除染等業務従事者等被ばく線量登録管理制度検討会中間とりまとめ（概要）」

量登録管理制度をすべての従事者に適用できるよう進めることとされています（図5－1参照）。

　また、除染等業務の新たな登録管理制度は、既存の原子力施設のシステムとも相互照会を可能とすることによって、個人の累積被ばく線量についてのより正確な管理が可能となっています。

　そもそも、もっとも多く、また古くから放射線業務に従事してきた医療関係の従事者も含んで、政府が関与して法律上も義務づけのある登録管理制度が実現されてしかるべきものといえるでしょう。しかし、ただちにそれが無理とするならば、民間の取り組みとはいえ、除染等業務従事者の一元的な線量登録管理が事実上義務づけられるのは意味が大きいといえます。

■実質的な被ばく管理は誰が行うのか

　ただ気がかりなのは、除染等業務従事者のうち、どの程度の人々がこの登録管理制度の対象となり得るかという問題があることです。国等の発注事業については、発注額の積算で登録費用が含まれることになるのでしょうが、個人の事業者やそこで働く労働者、ボランティアという多彩な従事者をどこまで捕捉できるのかという問題も残ります。

　原子力施設でもそうですが、元方の事業者がいて下請があり孫請けがあり、そのまた下の請負がありというときに、実質的な被ばく管理の実務はどこが担うのでしょうか。今回の除染作業検討会の取りまとめでは、関係請負人が独自で放射線管理業務が行える場合は自ら放射線管理手帳の申請も行い、できない場合は元請事業者が行うとしています。

　法令による被ばく線量の管理義務があるのは、いうまでもなく従事者に指揮・命令をしている直接の事業者なのですが、現実的には元請事業者が代わりにやってしまうというのです。原子力施設の場合には、原子炉等規制法というもうひとつの原子炉設置者に被ばく管理の義務を負わせた法律があるものですから、最終的に登録管理も原子炉設置者が責任を負うということで実質義務化の裏づけとなっていました。しかし、除染等業務には

労働安全衛生法と除染電離則以外には法令上の定めは存在しません。請け負ったすべての事業者に十分周知され、もれなく実現されるのかという問題は残っています。

労働者以外に対しては何の規制もない除染労働

■個人事業者等の被ばく管理は自己責任!?

　除染電離則でもうひとつ大きな問題があります。それは、この規則の対象となるのが「労働者」だけだということです。

　もちろん「除染等業務に従事する労働者の放射線障害防止のためのガイドライン」には、「趣旨」の最後に、「なお、このガイドラインは、労働者の放射線障害防止を目的とするものであるが、同時に、自営業、個人事業者、ボランティア等に対しても活用できることを意図している」とし、何の規制の対象ともならない労働者以外の従事者についても、参考となるように設定されているようです。

　しかし、法律上の根拠をもたないというのはなかなか厳しいものがあります。たとえば何年か経った後に、除染等業務従事者が放射線被ばくの影響の可能性がある病気にかかったとします。被ばくデータが確かに登録管理されていたとすると、その記録により労災保険の業務上疾病と認定され給付を受けることになるかもしれません。

　しかし、自己責任で除染等業務に従事した小規模事業者の場合はどうでしょう。被ばく線量管理がどの程度されているかという問題が必ずあります。労働者なら事業者に測定と管理が義務づけられていますが、事業者自身は自己責任で費用を負担し、確実な測定と管理を行うということになります。もしそれができたとしても、将来に健康影響が現れたとして、補償がどうなるかという問題が出てきます。

■労災保険制度の問題点

　厚生労働省は、事業者や一人親方として除染等業務に従事する人について、労災保険特別加入の手続きを勧めています。たとえば建設業の一人親方なら除染等業務をそのまま請け負ったとしても、被ばくによる将来の健康障害は給付の対象となり得るといえます（次頁の図５－２参照）。

　しかし、建設以外の一人親方として特別加入をしている場合で、対象業務の範囲を超えて除染等業務に従事するときは、新たに建設の一人親方として２つ目の特別加入が必要なことになります。また、すでに加入している業務の範囲での除染等業務である場合や、中小事業主として特別加入している場合でも、業務の内容について届け出をしておかなければ労災保険の対象となる業務とはみなされないこととなってしまいます。

　厚生労働省は、この2013年12月より特別加入申請書の様式を大幅に変更した際、特別加入者の業務に除染作業の有無を問う欄を設けています。新たな加入者の手続き漏れはこの様式変更によって相当防げるのでしょうが、すでに加入済みの特別加入者にとって、新たな変更届を行うことが必要という周知はまだまだ足りないというのが実際のところでしょう。また、特別加入保険料の費用負担がどこからカバーされるのかが不確かという問題もあります。というのも、保険料率が高い業種の保険料は、新たな加入を簡単に決断できるほど安くはないからです。たとえば、給付基礎日額（休業補償給付など給付額を決めるとき１日当たりの賃金に相当する額）を１万円で、新たに建設の一人親方として特別加入する場合を考えてみます。建設の事業の特別加入保険料率は1000分の19ですので、１年間に必要な労災保険料は、１万円×365日×19／1000となって、69,350円となるわけです。これだけの負担を、労働者として働く従事者にかかる費用以外に上乗せすることが、必ずしも明確に配慮されているとは言いがたいのです。

　結局のところ、除染等業務でもっとも問題となるのは、労働者でない従事者に適用される放射線障害防止のための法律がまったく存在しないということでしょう。自己責任で除染等業務を行う従事者は、自ら被ばく線量

を適切に測定、管理し、将来において万が一被ばくが原因でありそうな病気になったら、データを根拠に原子力損害賠償制度により賠償請求を行うという選択肢しかなくなってしまいます。

　除染労働はこれから相当な長期間にわたって続くでしょう。除染等業務従事者は、その作業の中で感じる問題点をいつでも発言し、不備な制度はどんどん改善していかなければなりません。除染電離則などという規則はまだできて少ししか経っていないわけで、不具合はいくらでも出てくると思われます。そういうものは今後の取り組みの中でぜひ改善につなげていきましょう。

(西野方庸)

図5-2　労災保険特別加入を呼びかけるチラシ（抜粋）

東日本大震災の復旧・復興のため除染作業を行う皆さまへ
労災保険の特別加入をご存じですか

労災保険特別加入制度とは

労災保険は、労働者が仕事または通勤によって被った災害に対して補償する制度ですが、労働者以外でも、**中小企業の事業主や一定の業種の「一人親方」**なども、**一定の要件を満たす場合に任意加入でき、労災補償を受けることができます**。これを特別加入制度といいます。

除染作業に従事する「一人親方」の災害も補償の対象となります

●**「建設の一人親方」**として労災保険に**特別加入**することにより、除染作業で災害にあった場合、補償を受けられます。

既に特別加入している方は、変更届が必要です

●建設業、自動車による運搬、農業など、既に加入している特別加入区分の範囲内でのみ除染作業を行う場合は、あらためて「建設の一人親方」として特別加入していただく必要はありません。ただし、**業務の内容について変更があった旨の届け出が必要です。**

※中小企業の事業主の方も新たに除染作業に従事する場合は、業務内容の変更について届け出が必要です。

被ばく線量管理をお願いします

●労災保険の特別加入者が除染作業に従事する場合も、迅速・適正な労災補償のため、**労働者と同様の線量管理**をしていただくようお願いします。

※一人親方等の特別加入団体は、災害防止規程に「被ばく防止」および「線量管理」についての項目を追加する必要があります。

労災保険特別加入Q&A

Q 特別加入できるのはどのような場合ですか?

●中小事業主等
●一人親方等…労働者を使用せず、以下の事業または作業を行う方

事業の種類 (一人親方その他の 自営業者)	個人タクシーまたは貨物運送業、建設業、 漁船を使用する漁業、林業、医薬品配置販売業、 再生資源取扱業、船員の事業
作業の種類 (特定作業従事者)	特定農作業、指定農業機械を使用する作業、 委託訓練の作業、家内労働、労働組合等の常勤役員、 介護作業

Q 特別加入するにはどのような手続きが必要ですか?

以下の団体を通じて、加入申請書を都道府県労働局長に提出してください。
●中小事業主等…労働保険事務組合
●一人親方等…業種ごとの特別加入団体

Q 一人親方として特別加入をしています。除染作業を行う場合、あらためて加入手続きをする必要がありますか?

●既に「建設の一人親方」として加入している場合
　⇒あらためて加入する必要はありません。
●既に他の特別加入者として加入している場合
　⇒承認を受けている特別加入の区分の範囲内で除染作業を行う場合、あらためて加入手続をする必要はありません。特別加入区分で認められた範囲を超えて除染作業を行う場合には「建設の一人親方」として特別加入してください。

◆詳細は、都道府県労働局または最寄りの労働基準監督署へお問い合わせください。

厚生労働省

第6章 除染労働をめぐる課題

　これまでの各章で記述してきたように、除染事業と除染労働には、この社会の不正義・不誠実が凝縮したような醜悪な問題が詰め込まれていると感じています。本章では、現段階での課題を整理し、今後の方向性について提起します。

■危険手当や賃金、雇用に関する問題
　危険手当を含む賃金や雇用の問題は、実施主体である国が除染事業をゼネコンJVに丸投げし、従来の建設業がもつ問題を放置したまま、その業界を利用したことにあります。重層下請構造を使う建設業界は、これまでも公共事業における設計労務単価など無視してきたし、下請は人工請けなので、危険手当を含む人件費の発注段階での金額や性格は溶解させられ、ピンハネされて、その一部しか労働者には渡りません。下請下位では偽装請負・違法派遣が常態化し、それをさらに不透明なものにしています。危険手当不払い問題を解決するには、建設業界のこのような取り扱いが改善されるか、危険手当を国が直接労働者に支払うしかありません。

　しかし、国はあくまで現在の業界体制と法的位置づけを維持しながら問題を「解決」しようとしているため、その矛盾は労働者に押しつけられています。具体的には、環境省は契約相手である元請に改善を求め、手当の項目を記載した労働契約書の基本フォームを提示するなどしましたが、その結果「最低賃金＋危険手当－滞在費等」として1日12,000円前後の賃金とする労働契約書が一般化しています。除染作業を最低賃金で行わせることや、危険手当を除外すると事実上2,000円前後で働かせることなど、いくつかの根本的な問題を指摘しても、環境省は「法的問題はない」とし

てこれを放置しています。環境省はあくまでも元請への要請だけで、下請への直接的な介入は拒否しています。環境省は単に元請との契約主体であるだけでなく、復興にとって重要な除染事業の具体的な設計主体なのであり、制度上の不備に関する責任を負っているのです。

　一方、厚生労働省は、構造的な問題には踏み込まず、労基法違反や派遣法違反など明らかに違法なものについてのみ改善指導を行ってきました。その結果、施工体系図に出てこない違法派遣業者であっても、労働契約書の不備や不払いの改善を指導されるだけで、上位業者も、実態と異なる労働契約書をでっち上げた責任は問われません。事実上の危険手当の中抜きには「違法性はない」として目をつむり、重層下請構造からくる本質的問題は放置されています。

　このような形が2013年春から定着化しており、私たちもこの壁を突破できていないのが実情です。除染労働者の間でもこれが当たり前になってしまい、労働相談の数は激減しています。

■安全管理、安全衛生の問題

　全国的に仕事がない中で、除染事業は被災者や地方の出稼ぎ労働者、都市の派遣労働者など、職を求める人たちを大量に吸収しています。そのため建設業の経験のない人も多いのですが、教育や現場の管理体制が杜撰であり、安全上の問題が多々あることが、労働者の話から伝わってきます。通常では信じがたい事故により死亡労災が立て続けに起こったことが、それを裏づけています。また、除染労働は被ばく労働であり、被ばく対策の装備や設備、線量管理が重要ですが、これについても、教育や線量管理がきちんとなされないまま作業が行われています。除染に数カ月従事した後、東電福島第一原発での収束作業に入るためにホールボディカウンターの計測を受けたところ、以前から収束作業に従事していた労働者よりもはるかに高い数値が出て驚かれたという労働者もいます。

　これらの問題は、労働者が現場での具体的な不備を指摘し、業者に改善

要求を行うとともに、外部にいる私たちが実施主体に交渉を行う必要があります。しかし問題が労働者に周知されていないうえ、現場では解雇の不安から労働者が文句を言いにくい。また、原発労働でも同じですが、作業現場である旧警戒区域への入域はまだ制限が残り、現場への労働団体の介入が行いにくいことから、労働者との情報交換は容易ではありません。

そもそも現場では、環境省や厚労省の示すガイドラインを無視して作業が行われていることが少なくありません。除染作業は、線量の高い現場ほど周囲からの監視が届きにくく、原発労働に似た隠蔽された労働現場となっているのです。

放射線管理手帳は当初はほとんど発行されていませんでしたが、労働者が強く要求すれば発行されるケースが増えてきました。しかし、そもそも線量管理が杜撰なので、業者の責任逃れに使われかねない危険性があります。厚労省は、除染労働者の被ばく線量の一元管理を2014年4月から開始することを発表しました。その数値を労働者の安全衛生に生かすには、まず一人一人の労働者の被ばく線量がきちんと計測・記録されることが重要であり、空間線量2.5μSv/h以下では個人計測を不要とする現制度の改正を求めていく必要があります。また、そもそも放射線管理手帳は業界が自主的に行っている制度です。除染労働や原発労働を含めたすべての被ばく労働を労働安全衛生法上の危険業務と認定し、国の責任で健康管理手帳の発行と健康診断を行わせる必要があるでしょう。

■抜本的な法的・制度的改善の要求

このように、あくまでも現行法制度に依拠し、しかも極力最小限の対応ですまそうとする国の機関に対して、違法・違反事例の告発だけでは、本質的に重層下請構造の末端で支配・搾取・使い捨てを受ける労働者の権利回復は果たせないというのが実感です。

第4章で報告したように、各業者に対する労働争議と関係機関への取り組みを行うことで、不払い賃金の獲得や放射線管理手帳の交付、マスク支

給などの安全対策を勝ち取るなどしてきました。しかし、私たち被ばく労働を考えるネットワークはまだまだ非力であり、業者に危険手当ピンハネを正式に認めさせたり、解雇を撤回させるには至っていません。これは労使間の力関係もありますが、現在の除染事業の制度・体系が壁となり、違法派遣や危険手当ピンハネの構造、ゼネコンを筆頭とする上位会社の責任を追及しきれていない面があります。当該労働者の要求を中心に個別の労働争議を丁寧に取り組みながらも、それと並行し、法的・制度的な抜本的改善の要求が必要であると考えます。

賃金の中抜きの問題に関しては、一部の自治体では公契約条例を制定し、自治体発注の公共事業で、設計労務単価を基準とした割合で労働者の最低賃金を指定している例があります。除染事業のみならず日本の建設業界全体に、このような公契約法・条例が広範に適用されるよう、要求していく必要があるでしょう。また、建設業は造船業と並んで特定業種であり、元請は特定元方事業者として下請に対する責任があります。これは問題の多い重層下請構造に対する対策として設けられている制度ですが、実際は機能していません。元方事業者の責任をいっそう重くし、末端労働者の労働条件にも責任をもたせなければなりません。

■重層下請構造の撤廃を

労働者は解雇の不安を抱え、不当な労働条件や理不尽な取り扱いにも沈黙せざるを得ない状況に置かれています。そして、国の不作為がそれを隠蔽・固定化しており、労働者の声はほとんど表には出てきません。このような非民主的な労働者支配は、労働者を使い捨ての「道具」や「駒」として扱う下請構造に起因しています。

すでに述べたような法的・制度的改善を要求しながら、その先の方向性として、重層下請構造を前提としたゼネコンへの丸投げをやめさせる必要があります。除染事業は、ゼネコンを筆頭とする建設業界に莫大な予算を流し込むだけの事業になっています。入札でもほとんど競争がなく受注し

ており、出された費用のうち労働者に渡るはずの賃金は大幅に中抜きされています。原発事故により汚染された地域を国が責任をもって除染し、その労働者の労働条件・賃金と健康・被ばく管理に責任をもつためには、一般除染労働者は国が直接雇用し労務管理を行うしかありません。

　東電福島第一原発の収束・廃炉作業も同様ですが、業界の生き残りのためではなく、被災者と労働者の生活と安全を第一とする体制・制度への転換を構想しなければなりません。そのために、労働者自身や私たちが、その具体的な提案をするための力をつける必要があります。

（なすび）

◎ おわりに

　原発の安全神話と無責任体制、隠蔽体質、経済的優位性の嘘など、原子力政策・事業を進めるためにさまざまなインチキが振りまかれてきたことが、この原発事故で明らかになりました。この事故は、単に技術的な問題で起こったのではありません。原子力をめぐるさまざまな問題が、自然災害を契機に、きわめて妥当な因果関係をもってこの悲惨な事故を引き起こしたのです。だから、復興と次の社会への歩みは、このような不正義が社会的に行われてきたことを認め、自己批判し、それを根底的に改めることから始められる必要があります。

　ところが今日に至るまで、誰も事故の刑事責任を問われず、誰も本質的な謝罪をせず、誰も賠償と補償を誠実に行わないまま、収束・廃炉作業と廃棄物処理、復興事業と被災者の帰還が進められています。除染事業もその一連の事業のひとつであり、同様に社会的不正義の極みといってよいでしょう。国は東電とともに事故を過小評価して被災者への補償を出し渋る一方で、莫大な費用を除染事業に流し込んでいます。しかし"手抜き除染"や労災死亡事故に見られるように、現場は杜撰な管理で行われ、労働者の雇用や労働条件についても違法やウソ・インチキ・騙しにまみれています。労働者からの聞き取りをすればするほど、この国はこれほどまでに不正義に塗り固められているのかと、愕然となります。

　除染労働者は、その矛盾をもっとも強いられている最末端・最下層の労働者です。支配・搾取・使い捨て——。除染労働者が置かれた非人間的ともいえる環境は、この社会の不正義を如実に表しています。既存の労働運動や社会運動（反原発運動や反貧困・反格差運動を含む）は、この問題をどれだけ自らの課題に位置づけ、除染労働者とともに闘えるのか。問われているのは、私たちです。

　2014年2月

　　　　　　　　　　　　　　　　　被ばく労働を考えるネットワーク

【資料1】

平成25年 除染等工事共通仕様書（第4版）（抜粋）

第1章 総　則
第1節　一般事項
（略）

1-1-14　工事の下請負
受注者は、下請負に付する場合には、次の各号に掲げる要件をすべて満たさなければならない。
①受注者が、工事の施工につき総合的に企画、指導及び調整するものであること。
②下受注者が環境省の工事指名競争参加資格者である場合には、営業停止又は指名停止期間中でないこと。
③下受注者は、労働安全衛生法（昭和47年法律第57号）の適用を受けない個人事業主でないこと。
④下受注者は、当該下請負工事の施工能力を有すること。

（略）

1-1-22　除染等作業員名簿・身分証明書等
（1）受注者は、除染等作業員について作業員名簿を作成し、当該除染等作業員が工事に従事する前に、当該作業員名簿に職種、氏名、年齢、放射線管理手帳番号等を登録しなければならない。
（2）受注者は、除染等作業員が工事に従事しなくなった時は、速やかに、当該除染等作業員に係る登録を解除しなければならない。
（3）受注者は、除染等作業員の登録時には、除染等作業員に対して放射線管理手帳の所持の有無を確認しなければならない。除染等作業員が放射線管理手帳を所持していた場合は、放射線管理手帳番号を作業員名簿に記録することとし、除染等作業員が放射線管理手帳を所持していなかった場合は、当該除染等作業員に対し、登録の解除時までに、可能な限り、放射線管理手帳を取得させなければならない。
（4）受注者は、除染等作業員について、身分証明書交付願を監督職員に提出し、身分証明書の交付を受けなければならない。
（5）受注者は、除染等作業員に対し、その業務中は、前項の身分証明書を常に携帯させるようしなければならない。
（6）受注者は、工事完成時から10日以内に、全ての身分証明書を監督職員に返却しなければならない。
（7）受注者は、身分証明書の紛失、盗難等があった場合は、速やかに監督職員に届け出ること。
（8）受注者は、現場代理人、主任技術者、監理技術者、放射線管理責任者、作業指

揮者及び作業員等の区分毎に、腕の見やすい所に腕章を着用させなければならない。なお腕章の仕様については監督職員と協議の上決定するものとする。
(9) 受注者は、現場代理人、主任技術者、監理技術者、放射線管理責任者及び作業指揮者について、工事現場内において、名札を着用させなければならない。

1-1-23 手当等の支給
(1) 受注者は、除染特別地域内において作業する除染等作業員に対し、労賃に加え、特殊勤務手当として以下の額（1日の作業時間が4時間に満たない場合は、手当に60/100を乗じた額）を支給しなければならない。ただし、本工事と同程度に特殊な勤務に就くことを前提としている者について、その労賃の一部が特殊勤務手当に相当する額を構成していることを合理的に説明できる場合は、この限りではない。
① 除染等業務従事者 1日あたり1万円
② 特定線量下業務従事者 人事院規則（東日本大震災に対処するための人事院規則9-30(特殊勤務手当)の特例）に定める手当額
(2) 受注者は、除染等作業員に係る労働条件通知書（労働基準法第15条に規定する労働条件を明示した書面）に、特殊勤務手当に関する事項が適切に反映されるよう周知等必要な措置を講じなければならない。
(3) 受注者は、適正な賃金及び特殊勤務手当が支給なされたことを証するため、監督職員が指定する書類に賃金台帳等の書類を添付して、工事の完了後速やかに、監督職員に提出しなければならない。

（略）

1-1-32 除染等作業員の管理
(1) 受注者は、除染等作業員の雇用条件、賃金及び手当の支払状況、宿舎環境等を十分に把握し、適正な労働条件を確保しなければならない。
(2) 受注者は、除染等作業員に対し、適時、安全対策、放射線防護対策、衛生管理及び避難指示区域の特性を踏まえた対応（単独行動の禁止、防犯体制、事故・事件・渋滞への対応等）の指導及び教育を行うとともに、工事が適正に遂行されるように管理しなければならない。

1-1-33 工事中の安全確保
(1) 受注者は、監督職員の指示に従い、つねに工事の安全に留意して現場管理を行い、災害の防止を図らなければならない。
(2) 受注者は、工事施工中、監督職員及び管理者の許可なくして、流水及び水陸交通の支障となるような行為又は公衆に支障を及ぼすような施工をしてはならない。
(3) 受注者は、工事に使用する資機材の選定、使用等について、設計図書により資機材が指定されている場合には、これに適合した資機材を使用しなければならない。ただし、より条件に合った資機材がある場合には、監督職員の承諾を得て、それを使用することができる。
(4) 受注者は、工事箇所及びその周辺にある地上地下の既設構造物に対して支障を及ぼさないよう必要な措置を施さなければならない。

（5）受注者は、豪雨、出水、土石流、その他天災に対しては、天気予報などに注意を払い、常に災害を最小限に食い止めるための防災体制を確立しておかなくてはならない。
（6）受注者は、現場に工事関係者以外の者の立入を禁止する場合は、板囲、ロープ等により囲うとともに、立入禁止の標示をしなければならない。
（7）受注者は、工事期間中、安全巡視を行い、工事区域及びその周辺の監視あるいは連絡を行い、安全を確保しなければならない。
（8）受注者は、現場事務所、作業宿舎、休憩所又は作業環境等の改善を行い、快適な職場を形成するものとする。
（9）受注者は、工事着手後、除染等作業員全員の参加により、月当たり半日以上の時間を割当て、次の各号の中から実施する内容を選択し、定期的に安全に関する研修・訓練等を実施しなければならない。なお、施工計画書に当該工事の内容に応じた安全・訓練等の具体的な計画を作成し、監督職員に提出するとともに、その実施状況については、ビデオ等又は工事報告等に記録した資料を整備・保管し、監督職員の請求があった場合は速やかに提示するとともに、検査時に提出しなければならない。
　① 安全活動のビデオ等視覚資料による安全教育
　② 当該工事内容等の周知徹底
　③ 当該工事における災害対策訓練
　④ 当該工事現場で予想される事故対策
　⑤ その他、安全・訓練等として必要な事項
（10）受注者は、所轄警察署、所轄消防署、労働基準監督署等の関係者及び関係機関と緊密な連絡を取り、工事中の安全を確保しなければならない。
（11）受注者は、工事現場が隣接し又は同一場所において別途工事がある場合は、請負業者間の安全施工に関する緊密な情報交換を行うとともに、非常時における臨機の措置を定める等の連絡調整を行うため、関係者による工事関係者連絡会議を組織するものとする。
（12）監督職員が、労働安全衛生法第30条第1項に規定する措置を講じる者として、同条第2項の規定に基づき受注者を指名した場合には、受注者はこれに従うものとする。
（13）受注者は、工事中における安全の確保をすべてに優先させ、労働安全衛生法等関連法令に基づく措置をつねに講じておくものとする。特に重機械の運転、電気設備等については、関係法令に基づいて適切な措置を講じておかなければならない。
（14）受注者は、施工計画の立案にあたっては、既往の気象記録を勘案し、施工方法及び施工時期を決定しなければならない。
（15）災害発生時においては、第三者及び除染等作業員等の人命の安全確保をすべてに優先させるものとし、応急処置を講じるとともに、直ちに監督職員及び関係機関に通知しなければならない。

1-1-34　電離放射線に対する安全対策
（1）受注者は、除染電離則及び除染電離則ガイドラインに従って、必要十分な保護衣、保護具等を使用することとし、過度な保護衣、保護具等の使用により廃棄物の発生量の増大を招かないようにすること。

(2) 受注者は、除染等作業員の電離放射線に対する安全対策について、除染電離則及び除染電離則ガイドラインに基づき、適切な措置を講じなければならない。
(3) 受注者は、除染等作業員が受ける外部被ばくによる線量について、除染電離則に定められた方法により、測定及びその結果の確認、記録等をしなければならない。ただし、除染等作業員が、1日における外部被ばくによる線量が1cm線量当量率について1mSvを下回る現場でのみ作業を行う場合は、作業指揮者は、代表して、除染電離則第5条第1項の規定による外部被ばくによる線量の測定の結果を毎日確認しなければならない。
(4) 受注者は、除染等作業員が受ける内部被ばくによる線量について、除染電離則第5条第2項各号及び第3項に定める場合及び除染等作業員の作業員名簿への登録時並びに解除時に測定又は検査及びその結果の確認、記録等をしなければならない。なお、当該検査により得られた記録の預託実効線量が1mSv未満の場合は、定量下限値以下である旨を記録すること。
(5) 受注者は、前項の線量測定を行う場合には、発注者が指定するホールボディカウンタを、無償で利用することができる。その場合には、監督職員等に対し、利用する除染等作業員の氏名等必要な情報を、十分な時間的猶予をもって通知しなければならない。なお、ホールボディカウンタが設置されている場所（福島県南相馬市又は楢葉町）までの交通費等は受注者の負担とする。
(6) 受注者は、受注者が行う他の除染等工事（居住制限区域又は避難指示解除準備区域におけるものに限る。以下この項及び次項において同じ。）に現に従事している除染等作業員が本工事に従事する場合又は本工事に現に従事している除染等作業員が受注者が行う他の除染等工事に従事する場合であって、あらかじめ監督職員に届出を行った場合には、当該除染等作業員について、第3項に定める作業員名簿の登録時又は解除時（当該登録又は解除時が前回の測定から1年を越えない場合に限る。）の内部被ばくによる線量について、測定又は検査及びその結果の確認、記録等は行わなくてもよい。
(7) 前項の場合において、受注者は、両方の除染等工事の作業員名簿を一体的に管理しなければならない。
(8) 受注者は、除染等作業員が線量計を紛失した場合その他外部被ばくによる線量の記録ができなかった場合には、当該除染等作業員が属する作業班の作業指揮者の線量の測定結果を参考値として記録するとともに、速やかに、次回記録時以降に記録が可能となるよう線量計の調達等必要な措置を行うこと。
(9) 受注者は、除染電離則に基づき除染等作業員の線量を算定した場合において、男性の除染等作業員又は妊娠する可能性がないと診断された女性の除染等作業員の実効線量が1年間につき20mSvを超えた場合には、その原因及び今後の見通しについて、監督職員に報告すること。

(略)

1-1-47　保険の付保及び事故の補償
(1) 受注者は、雇用保険法、労働者災害補償保険法、健康保険法及び中小企業退職金共済法の規定により、雇用者等の雇用形態に応じ、雇用者等を被保険者とするこ

らの保険に加入しなければならない。
（2）受注者は、雇用者等の業務に関して生じた負傷、疾病、死亡及びその他の事故に対して、責任をもって適正な補償をしなければならない。
（3）受注者は、建設業退職金共済組合に加入し、その掛金収納書の写しを工事請負契約締結後1か月以内に、監督職員を通じて発注者に提出しなければならない。ただし、特別な事情があると認められる場合において、あらかじめ書面により監督職員に申し出たときは、この限りではない。
（4）受注者は、工事に伴い、建物、土地等が損壊する等の損害（当該建物、土地等の権利者があらかじめ承諾した損害及び工事に伴い当然に生ずる損害を除く。）が発生した場合に備え、次を満たす保険に加入すること。

①保険の種別	請負業者賠償責任保険
②被保険者	受注者及び全ての除染等作業員
③保険期間	契約履行期間の初日から末日まで（ただし、履行期間を延長する場合には、保険期間の延長手続をしなければならない）
④付保対象	本工事に伴い生じた事故により、第三者に与えた損害について、被保険者が法律上の賠償責任を負担することによって被る損害
⑤てん補限度額	被害者1名当たり1億円以上、1事故あたり1億円以上（対人対物共通）
⑥免責金額	1万円
⑦付帯特約	管理下財物損壊担保特約（被保険者が使用又は占有する財物（直接作業を加えている財物を含む。）の損壊に起因する損害賠償を補償）

（以下略）

【資料2】

除染特別地域内における除染等工事に係る設計労務単価について（抜粋）

この単価は、平成25年4月1日以降に調達を行う入札等に適用するものとする。

1. 平成25年度除染等工事設計労務単価

（単位：円）

01 作業指揮者	18,900	06 樹木除染工	17,000
02 特殊除染作業員	19,400	07 防水工（除染）	17,700
03 普通除染作業員	15,000	08 とび工（除染）	17,900
04 運転手（除染特殊）	18,100	09 交通誘導員A（除染）	10,300
05 運転手（除染一般）	16,300	10 交通誘導員B（除染）	9,600

注）所定労働時間内8時間あたりの金額

【資料３】

東日本大震災により生じた放射性物質により汚染された土壌等を除染するための業務等に係る電離放射線障害防止規則（抜粋）

(平成23年厚生労働省令第152号。以下「除染電離則」という)

第一章　総　則

（事故由来放射性物質により汚染された土壌等を除染するための業務等に係る放射線障害防止の基本原則）
第一条　事業者は、除染特別地域等内において、除染等業務従事者及び特定線量下業務従事者その他の労働者が電離放射線を受けることをできるだけ少なくするように努めなければならない。

（定義）
第二条　この省令で「事業者」とは、除染等業務又は特定線量下業務を行う事業の事業者をいう。

2　この省令で「除染特別地域等」とは、平成二十三年三月十一日に発生した東北地方太平洋沖地震に伴う原子力発電所の事故により放出された放射性物質による環境の汚染への対処に関する特別措置法（平成二十三年法律第百十号）第二十五条第一項に規定する除染特別地域又は同法第三十二条第一項に規定する汚染状況重点調査地域をいう。

（略）

7　この省令で「除染等業務」とは、次の各号に掲げる業務（電離則第四十一条の三の処分の業務を行う事業場において行うものを除く。）をいう。
　一　除染特別地域等内における事故由来放射性物質により汚染された土壌、草木、工作物等について講ずる当該汚染に係る土壌、落葉及び落枝、水路等に堆積した汚泥等（以下「汚染土壌等」という。）の除去、当該汚染の拡散の防止その他の当該汚染の影響の低減のために必要な措置を講ずる業務（以下「土壌等の除染等の業務」という。）
　二　除染特別地域等内における次のイ又はロに掲げる事故由来放射性物質により汚染された物の収集、運搬又は保管に係るもの（以下「廃棄物収集等業務」という。）
　　イ　前号又は次号の業務に伴い生じた土壌（当該土壌に含まれる事故由来放射性物質のうち厚生労働大臣が定める方法によって求めるセシウム百三十四及びセシウム百三十七の放射能濃度の値が一万ベクレル毎キログラムを超えるものに限る。以下「除去土壌」という。）
　　ロ　事故由来放射性物質により汚染された廃棄物（当該廃棄物に含まれる事故由来放射性物質のうち厚生労働大臣が定める方法によって求めるセシウム

百三十四及びセシウム百三十七の放射能濃度の値が一万ベクレル毎キログラムを超えるものに限る。以下「汚染廃棄物」という。)
　　三　前二号に掲げる業務以外の業務であって、特定汚染土壌等（汚染土壌等であって、当該汚染土壌等に含まれる事故由来放射性物質のうち厚生労働大臣が定める方法によって求めるセシウム百三十四及びセシウム百三十七の放射能濃度の値が一万ベクレル毎キログラムを超えるものに限る。以下同じ。)を取り扱うもの（以下「特定汚染土壌等取扱業務」という。)
8　この省令で「特定線量下業務」とは、除染特別地域等内における厚生労働大臣が定める方法によって求める平均空間線量率（以下単に「平均空間線量率」という。)が事故由来放射性物質により二・五マイクロシーベルト毎時を超える場所において事業者が行う除染等業務その他の労働安全衛生法施行令別表第二に掲げる業務以外の業務をいう。

(略)

第二章　除染等業務における電離放射線障害の防止
第一節　線量の限度及び測定

(除染等業務従事者の被ばく限度)
第三条　事業者は、除染等業務従事者の受ける実効線量が五年間につき百ミリシーベルトを超えず、かつ、一年間につき五十ミリシーベルトを超えないようにしなければならない。
2　事業者は、前項の規定にかかわらず、女性の除染等業務従事者（妊娠する可能性がないと診断されたもの及び次条に規定するものを除く。)の受ける実効線量については、三月間につき五ミリシーベルトを超えないようにしなければならない。
第四条　事業者は、妊娠と診断された女性の除染等業務従事者の受ける線量が、妊娠と診断されたときから出産までの間（以下「妊娠中」という。)につき次の各号に掲げる線量の区分に応じて、それぞれ当該各号に定める値を超えないようにしなければならない。
　　一　内部被ばくによる実効線量　一ミリシーベルト
　　二　腹部表面に受ける等価線量　二ミリシーベルト

(線量の測定)
第五条　事業者は、除染等業務従事者（特定汚染土壌等取扱業務に従事する労働者にあっては、平均空間線量率が二・五マイクロシーベルト毎時以下の場所においてのみ特定汚染土壌等取扱業務に従事する者を除く。第六項及び第八項並びに次条及び第二十七条第二項において同じ。)が除染等作業により受ける外部被ばくによる線量を測定しなければならない。
2　事業者は、前項の規定による線量の測定に加え、除染等業務従事者が除染特別地域等内（平均空間線量率が二・五マイクロシーベルト毎時を超える場所に限る。第八項及び第十条において同じ。)における除染等作業により受ける内部被ばくによる線量の測定又は内部被ばくに係る検査を次の各号に定めるところにより行わなければならない。

一　汚染土壌等又は除去土壌若しくは汚染廃棄物（これらに含まれる事故由来放射性物質のうち厚生労働大臣が定める方法によって求めるセシウム百三十四及びセシウム百三十七の放射能濃度の値が五十万ベクレル毎キログラムを超えるものに限る。次号において「高濃度汚染土壌等」という。）を取り扱う作業であって、粉じん濃度が十ミリグラム毎立方メートルを超える場所において行われるものに従事する除染等業務従事者については、三月以内（一月間に受ける実効線量が一・七ミリシーベルトを超えるおそれのある女性（妊娠する可能性がないと診断されたものを除く。）及び妊娠中の女性にあっては一月以内）ごとに一回内部被ばくによる線量の測定を行うこと。
　二　次のイ又はロに掲げる作業に従事する除染等業務従事者については、厚生労働大臣が定める方法により内部被ばくに係る検査を行うこと。
　　イ　高濃度汚染土壌等を取り扱う作業であって、粉じん濃度が十ミリグラム毎立方メートル以下の場所において行われるもの
　　ロ　高濃度汚染土壌等以外の汚染土壌等又は除去土壌若しくは汚染廃棄物を取り扱う作業であって、粉じん濃度が十ミリグラム毎立方メートルを超える場所において行われるもの
3　事業者は、前項第二号の規定に基づき除染等業務従事者に行った検査の結果が内部被ばくについて厚生労働大臣が定める基準を超えた場合においては、当該除染等業務従事者について、同項第一号で定める方法により内部被ばくによる線量の測定を行わなければならない。
4　第一項の規定による外部被ばくによる線量の測定は、一センチメートル線量当量について行うものとする。
5　第一項の規定による外部被ばくによる線量の測定は、男性又は妊娠する可能性がないと診断された女性にあっては胸部に、その他の女性にあっては腹部に放射線測定器を装着させて行わなければならない。
6　前二項の規定にかかわらず、事業者は、除染等業務従事者の除染特別地域等内（平均空間線量率が二・五マイクロシーベルト毎時以下の場所に限る。）における除染等作業により受ける第一項の規定による外部被ばくによる線量の測定を厚生労働大臣が定める方法により行うことができる。
7　第二項の規定による内部被ばくによる線量の測定に当たっては、厚生労働大臣が定める方法によってその値を求めるものとする。
8　除染等業務従事者は、除染特別地域等内における除染等作業を行う場所において、放射線測定器を装着しなければならない。
（線量の測定結果の確認、記録等）
第六条　事業者は、一日における外部被ばくによる線量が一センチメートル線量当量について一ミリシーベルトを超えるおそれのある除染等業務従事者については、前条第一項の規定による外部被ばくによる線量の測定の結果を毎日確認しなければならない。
2　事業者は、前条第五項から第七項までの規定による測定又は計算の結果に基づき、次の各号に掲げる除染等業務従事者の線量を、遅滞なく、厚生労働大臣が定める方法により算定し、これを記録し、これを三十年間保存しなければならない。ただし、当該記録を五年間保存した後又は当該除染等業務従事者に係る記録を当該除染等業務従

事者が離職した後において、厚生労働大臣が指定する機関に引き渡すときは、この限りでない。
   一　男性又は妊娠する可能性がないと診断された女性の実効線量の三月ごと、一年ごと及び五年ごとの合計（五年間において、実効線量が一年間につき二十ミリシーベルトを超えたことのない者にあっては、三月ごと及び一年ごとの合計）
   二　女性（妊娠する可能性がないと診断されたものを除く。）の実効線量の一月ごと、三月ごと及び一年ごとの合計（一月間に受ける実効線量が一・七ミリシーベルトを超えるおそれのないものにあっては、三月ごと及び一年ごとの合計）
   三　妊娠中の女性の内部被ばくによる実効線量及び腹部表面に受ける等価線量の一月ごと及び妊娠中の合計
3　事業者は、前項の規定による記録に基づき、除染等業務従事者に同項各号に掲げる線量を、遅滞なく、知らせなければならない。

第二節　除染等業務の実施に関する措置

（事前調査等）
第七条　事業者は、除染等業務（特定汚染土壌等取扱業務を除く。）を行おうとするときは、あらかじめ、除染等作業（特定汚染土壌等取扱業務に係る除染等作業（以下「特定汚染土壌等取扱作業」という。以下同じ。）を除く。以下この項及び第三項において同じ。）を行う場所について、次の各号に掲げる事項を調査し、その結果を記録しておかなければならない。
   一　除染等作業の場所の状況
   二　除染等作業の場所の平均空間線量率
   三　除染等作業の対象となる汚染土壌等又は除去土壌若しくは汚染廃棄物に含まれる事故由来放射性物質のうち厚生労働大臣が定める方法によって求めるセシウム百三十四及びセシウム百三十七の放射能濃度の値
2　事業者は、特定汚染土壌等取扱業務を行うときは、当該業務の開始前及び開始後二週間ごとに、特定汚染土壌等取扱作業を行う場所について、前項各号に掲げる事項を調査し、その結果を記録しておかなければならない。
3　事業者は、労働者を除染等作業に従事させる場合には、あらかじめ、第一項の調査が終了した年月日並びに調査の方法及び結果の概要を当該労働者に明示しなければならない。
4　事業者は、労働者を特定汚染土壌等取扱作業に従事させる場合には、当該作業の開始前及び開始後二週間ごとに、第二項の調査が終了した年月日並びに調査の方法及び結果の概要を当該労働者に明示しなければならない。

（作業計画）
第八条　事業者は、除染等業務（特定汚染土壌等取扱業務にあっては、平均空間線量率が二・五マイクロシーベルト毎時以下の場所において行われるものを除く。以下この条、次条及び第二十条第一項において同じ。）を行おうとするときは、あらかじめ、除染等作業（特定汚染土壌等取扱作業にあっては、平均空間線量率が二・五マイクロシーベルト毎時以下の場所において行われるものを除く。以下この条及び次条において同じ。）の作業計画を定め、かつ、当該作業計画により除染等作業を行わなければならない。

2 前項の作業計画は、次の各号に掲げる事項が示されているものでなければならない。
　一　除染等作業の場所及び除染等作業の方法
　二　除染等業務従事者（特定汚染土壌等取扱業務に従事する労働者にあっては、平均空間線量率が二・五マイクロシーベルト毎時以下の場所において従事するものを除く。以下この条、次条、第二十条から第二十三条まで及び第二十八条第二項において同じ。）の被ばく線量の測定方法
　三　除染等業務従事者の被ばくを低減するための措置
　四　除染等作業に使用する機械、器具その他の設備（次条第二号及び第十九条第一項において「機械等」という。）の種類及び能力
　五　労働災害が発生した場合の応急の措置
3 事業者は、第一項の作業計画を定めたときは、前項の規定により示される事項について関係労働者に周知しなければならない。

（略）

（診察等）
第十一条　事業者は、次の各号のいずれかに該当する除染等業務従事者に、速やかに、医師の診察又は処置を受けさせなければならない。
　一　第三条第一項に規定する限度を超えて実効線量を受けた者
　二　事故由来放射性物質を誤って吸入摂取し、又は経口摂取した者
　三　洗身等により汚染を四十ベクレル毎平方センチメートル以下にすることができない者
　四　傷創部が汚染された者
2 事業者は、前項各号のいずれかに該当する除染等業務従事者があるときは、速やかに、その旨を所轄労働基準監督署長に報告しなければならない。

　　　　第三節　汚染の防止
（粉じんの発散を抑制するための措置）
第十二条　事業者は、除染等作業（特定汚染土壌等取扱作業を除く。以下この条において同じ。）のうち第五条第二項各号に規定するものを除染等業務従事者（特定汚染土壌等取扱業務に従事する労働者を除く。）に行わせるときは、当該除染等作業の対象となる汚染土壌等又は除去土壌若しくは汚染廃棄物を湿潤な状態にする等粉じんの発散を抑制するための措置を講じなければならない。

（廃棄物収集等業務を行う際の容器の使用等）
第十三条　事業者は、廃棄物収集等業務を行うときは、汚染の拡大を防止するため、容器を用いなければならない。ただし、容器に入れることが著しく困難なものについて、除去土壌又は汚染廃棄物が飛散し、及び流出しないように必要な措置を講じたときは、この限りでない。
2 事業者は、前項本文の容器については、次の各号に掲げる廃棄物収集等業務の区分に応じ、当該各号に定める構造を具備したものを用いなければならない。
　一　除去土壌又は汚染廃棄物の収集又は保管に係る業務　除去土壌又は汚染廃棄物が飛散し、及び流出するおそれがないもの

二　除去土壌又は汚染廃棄物の運搬に係る業務　除去土壌又は汚染廃棄物が飛散し、及び流出するおそれがないものであって、容器の表面（容器をこん包するときは、そのこん包の表面）から一メートルの距離における一センチメートル線量当量率が、〇・一ミリシーベルト毎時を超えないもの。ただし、容器を専用積載で運搬する場合であって、運搬車の前面、後面及び両側面（車両が開放型のものである場合にあっては、その外輪郭に接する垂直面）から一メートルの距離における一センチメートル線量当量率の最大値が〇・一ミリシーベルト毎時を超えないように、放射線を遮蔽する等必要な措置を講ずるときは、この限りでない。

（略）

（退出者の汚染検査）
第十四条　事業者は、除染等業務が行われる作業場又はその近隣の場所に汚染検査場所を設け、除染等作業を行わせた除染等業務従事者が当該作業場から退出するときは、その身体及び衣服、履物、作業衣、保護具等身体に装着している物（以下この条において「装具」という。）の汚染の状態を検査しなければならない。
2　事業者は、前項の検査により除染等業務従事者の身体又は装具が四十ベクレル毎平方センチメートルを超えて汚染されていると認められるときは、同項の汚染検査場所において次の各号に掲げる措置を講じなければ、当該除染等業務従事者を同項の作業場から退出させてはならない。
　一　身体が汚染されているときは、その汚染が四十ベクレル毎平方センチメートル以下になるように洗身等をさせること。
　二　装具が汚染されているときは、その装具を脱がせ、又は取り外させること。
3　除染等業務従事者は、前項の規定による事業者の指示に従い、洗身等をし、又は装具を脱ぎ、若しくは取り外さなければならない。

（持出し物品の汚染検査）
第十五条　事業者は、除染等業務が行われる作業場から持ち出す物品については、持出しの際に、前条第一項の汚染検査場所において、その汚染の状態を検査しなければならない。ただし、第十三条第一項本文の容器を用い、又は同項ただし書の措置を講じて、他の除染等業務が行われる作業場まで運搬するときは、この限りでない。
2　事業者及び労働者は、前項の検査により、当該物品が四十ベクレル毎平方センチメートルを超えて汚染されていると認められるときは、その物品を持ち出してはならない。ただし、第十三条第一項本文の容器を用い、又は同項ただし書の措置を講じて、汚染を除去するための施設、貯蔵施設若しくは廃棄のための施設又は他の除染等業務が行われる作業場まで運搬するときは、この限りでない。

（保護具）
第十六条　事業者は、除染等作業のうち第五条第二項各号に規定するものを除染等業務従事者に行わせるときは、当該除染等作業の内容に応じて厚生労働大臣が定める区分に従って、防じんマスク等の有効な呼吸用保護具、汚染を防止するために有効な保護衣類、手袋又は履物を備え、これらを当該除染等作業に従事する除染等業務従事者に使用させなければならない。
2　除染等業務従事者は、前項の作業に従事する間、同項の保護具を使用しなければな

らない。
(保護具の汚染除去)
第十七条　事業者は、前条の規定により使用させる保護具が四十ベクレル毎平方センチメートルを超えて汚染されていると認められるときは、あらかじめ、洗浄等により四十ベクレル毎平方センチメートル以下になるまで汚染を除去しなければ、除染等業務従事者に使用させてはならない。
(喫煙等の禁止)
第十八条　事業者は、除染等業務を行うときは、事故由来放射性物質を吸入摂取し、又は経口摂取するおそれのある作業場で労働者が喫煙し、又は飲食することを禁止し、かつ、その旨を、あらかじめ、労働者に明示しなければならない。
2　労働者は、前項の作業場で喫煙し、又は飲食してはならない。

第四節　特別の教育

(除染等業務に係る特別の教育)
第十九条　事業者は、除染等業務に労働者を就かせるときは、当該労働者に対し、次の各号に掲げる科目について、特別の教育を行わなければならない。
　一　電離放射線の生体に与える影響及び被ばく線量の管理の方法に関する知識
　二　除染等作業の方法に関する知識
　三　除染等作業に使用する機械等の構造及び取扱いの方法に関する知識（特定汚染土壌等取扱業務に労働者を就かせるときは、特定汚染土壌等取扱作業に使用する機械等の名称及び用途に関する知識に限る。）
　四　関係法令
　五　除染等作業の方法及び使用する機械等の取扱い（特定汚染土壌等取扱業務に労働者を就かせるときは、特定汚染土壌等取扱作業の方法に限る。）

(略)

第五節　健康診断

(健康診断)
第二十条　事業者は、除染等業務に常時従事する除染等業務従事者に対し、雇入れ又は当該業務に配置替えの際及びその後六月以内ごとに一回、定期に、次の各号に掲げる項目について医師による健康診断を行わなければならない。
　一　被ばく歴の有無（被ばく歴を有する者については、作業の場所、内容及び期間、放射線障害の有無、自覚症状の有無その他放射線による被ばくに関する事項）の調査及びその評価
　二　白血球数及び白血球百分率の検査
　三　赤血球数の検査及び血色素量又はヘマクリット値の検査
　四　白内障に関する眼の検査
　五　皮膚の検査
2　前項の規定にかかわらず、同項の健康診断（定期のものに限る。以下この項において同じ。）を行おうとする日の属する年の前年一年間に受けた実効線量が五ミリシーベルトを超えず、かつ、当該健康診断を行おうとする日の属する一年間に受ける実効

線量が五ミリシーベルトを超えるおそれのない者に対する当該健康診断については、同項第二号から第五号までに掲げる項目は、医師が必要と認めないときには、行うことを要しない。
(健康診断の結果の記録)
第二十一条　事業者は、前条第一項の健康診断(法第六十六条第五項ただし書の場合において当該除染等業務従事者が受けた健康診断を含む。以下「除染等電離放射線健康診断」という。)の結果に基づき、除染等電離放射線健康診断個人票(様式第二号)を作成し、これを三十年間保存しなければならない。ただし、当該記録を五年間保存した後又は当該除染等業務従事者に係る記録を当該除染等業務従事者が離職した後において、厚生労働大臣が指定する機関に引き渡すときは、この限りでない。
(健康診断の結果についての医師からの意見聴取)
第二十二条　除染等電離放射線健康診断の結果に基づく法第六十六条の四の規定による医師からの意見聴取は、次の各号に定めるところにより行わなければならない。
　　一　除染等電離放射線健康診断が行われた日(法第六十六条第五項ただし書の場合にあっては、当該除染等業務従事者が健康診断の結果を証明する書面を事業者に提出した日)から三月以内に行うこと。
　　二　聴取した医師の意見を除染等電離放射線健康診断個人票に記載すること。
(健康診断の結果の通知)
第二十三条　事業者は、除染等電離放射線健康診断を受けた除染等業務従事者に対し、遅滞なく、当該除染等電離放射線健康診断の結果を通知しなければならない。
(健康診断結果報告)
第二十四条　事業者は、除染等電離放射線健康診断(定期のものに限る。)を行ったときは、遅滞なく、除染等電離放射線健康診断結果報告書(様式第三号)を所轄労働基準監督署長に提出しなければならない。
(健康診断等に基づく措置)
第二十五条　事業者は、除染等電離放射線健康診断の結果、放射線による障害が生じており、若しくはその疑いがあり、又は放射線による障害が生ずるおそれがあると認められる者については、その障害、疑い又はおそれがなくなるまで、就業する場所又は業務の転換、被ばく時間の短縮、作業方法の変更等健康の保持に必要な措置を講じなければならない。

第三章　特定線量下業務における電離放射線障害の防止

(略)

第四章　雑則

(放射線測定器の備付け)
第二十六条　事業者は、この省令で規定する義務を遂行するために必要な放射線測定器を備えなければならない。ただし、必要な都度容易に放射線測定器を利用できるように措置を講じたときは、この限りではない。
(記録等の引渡し等)
第二十七条　第六条第二項、第二十五条の五第二項又は第二十五条の九の記録を作成し、

保存する事業者は、事業を廃止しようとするときは、当該記録を厚生労働大臣が指定する機関に引き渡すものとする。
2　第六条第二項、第二十五条の五第二項又は第二十五条の九の記録を作成し、保存する事業者は、除染等業務従事者又は特定線量下業務従事者が離職するとき又は事業を廃止しようとするときは、当該除染等業務従事者又は当該特定線量下業務従事者に対し、当該記録の写しを交付しなければならない。

(略)

(調整)
第二十九条　除染等業務従事者又は特定線量下業務従事者のうち電離則第四条第一項の放射線業務従事者若しくは同項の放射線業務従事者であった者、電離則第七条第一項の緊急作業に従事する放射線業務従事者及び同条第三項（電離則第六十二条の規定において準用する場合を含む。）の緊急作業に従事する労働者（以下この項においてこれらの者を「緊急作業従事者」という。）若しくは緊急作業従事者であった者又は電離則第八条第一項（電離則第六十二条の規定において準用する場合を含む。）の管理区域に一時的に立ち入る労働者（以下この項において「一時立入労働者」という。）若しくは一時立入労働者であった者が放射線業務従事者、緊急作業従事者又は一時立入労働者として電離則第二条第三項の放射線業務に従事する際、電離則第七条第一項の緊急作業に従事する際又は電離則第三条第一項に規定する管理区域に一時的に立ち入る際に受ける又は受けた線量については、除染特別地域等内における除染等作業又は特定線量下作業により受ける線量とみなす。
2　除染等業務従事者のうち特定線量下業務従事者又は特定線量下業務従事者であった者が特定線量下業務従事者として特定線量下業務に従事する際に受ける又は受けた線量については、除染特別地域等内における除染等作業により受ける線量とみなす。
3　特定線量下業務従事者のうち除染等業務従事者又は除染等業務従事者であった者が除染等業務従事者として除染等業務に従事する際に受ける又は受けた線量については、除染特別地域等内における特定線量下作業により受ける線量とみなす。
第三十条　除染等業務に常時従事する除染等業務従事者のうち、当該業務に配置替えとなる直前に電離則第四条第一項の放射線業務従事者であった者については、当該者が直近に受けた電離則第五十六条第一項の規定による健康診断（当該業務への配置替えの日前六月以内に行われたものに限る。）は、第二十条第一項の規定による配置替えの際の健康診断とみなす。

(以下略)

著者プロフィール

なすび　はじめに、第2章、第3章、第4章、第6章、おわりに
1964年生まれ。チェルノブイリ原発事故が起こった86年より山谷の運動に参加。山谷労働者福祉会館活動委員会。97年に福島第一原発でシュラウド交換が行われた際、全国日雇労働組合協議会（日雇全協）や藤田祐幸さんとともに就業拒否キャンペーンを行う。3.11原発震災後に『被ばく労働自己防衛マニュアル』を制作、福島原発事故緊急会議被曝労働問題プロジェクトや被ばく労働を考えるネットワークで活動。

長岡義幸（ながおか　よしゆき）　第1章
1962年生まれ。福島県小高町（現南相馬市）出身。福島高専卒・大学文学部中退。フリーランス記者。関心分野は出版流通、出版の自由、子どもの権利、労働等。著書に『マンガはなぜ規制されるのか』『物語のある本屋』他。実家は津波で流され、福島第一原発の事故を起こした東電のせいで2012年まで警戒区域に。亡父は原発労働者。実家の畑は東北電力浪江・小高原発の予定地だった。

西野方庸（にしの　まさのぶ）　第5章
1955年生まれ。学生時代より原発内作業による被ばく問題に関わり、卒業後関西労働者安全センターに。労災補償、職場の安全衛生対策に取り組み、現在同事務局長、全国労働安全衛生センター連絡会議事務局次長。福島第一原発事故以降、放射線被ばく労働問題で発言を続けている。

被ばく労働を考えるネットワーク

3.11原発事故を契機に、被ばく労働問題に取り組むために集まった個人のネットワーク。約1年の準備会を経て2012年11月に正式発足。原発や除染をはじめ清掃や運送など、3.11以降広範に広がった被ばく労働者の権利と安全を勝ち取るため、労働相談や生活・医療相談を受けるとともに、地元福島の労働組合と協力し、労働争議や国や企業への申し入れ・交渉などを行っている。

http://www.hibakurodo.net/
〒111-0021　東京都台東区日本堤1-25-11　山谷労働者福祉会館気付
電話：090-6477-9358（中村）　e-mail：info@hibakurodo.net
郵便振替口座：00170-3-433582
口座名：被ばく労働を考えるネットワーク
　　　　（〇一九＝ゼロイチキュウ　当座0433582）

さんいちブックレット 009
除染労働

2014年3月14日　第1版第1刷発行

編　　　者	被ばく労働を考えるネットワーク
発　行　者	小番　伊佐夫
編　　　集	杉村　和美
Ｄ　Ｔ　Ｐ	白石　春美
印　刷　製　本	シナノ印刷株式会社
発　行　所	株式会社 三一書房
	〒101-0051　東京都千代田区神田神保町3-1-6
	Tel：03-6268-9714
	Mail：info@31shobo.com
	URL：http://31shobo.com/

ⓒ被ばく労働を考えるネットワーク 2014
Printed in JAPAN
ISBN978-4-380-14800-2
乱丁・落丁本は、お取り替えいたします。

さんいちブックレット 007

「3・11」後の被ばく労働の実態— 　報道カメラマン：樋口健二氏推薦
深刻化する収束・除染作業、拡散する被ばく労働現場からの報告！

原発事故と被曝労働

被ばく労働を考えるネットワーク編

ISBN:978-4-380-12806-6　定価：本体１０００円＋税（税別）

　一時的に増えた原発労働者に関する書籍の出版や報道は、政府の「収束宣言」などもあり低調となってきていたが、事故後１年を経て、未成年の収束作業への動員や被ばく線量のごまかしなどの実態が暴かれつつある。

　被ばく労働者がどのような社会背景のもとで動員され、どのような労働条件や制度のもとで働き、どのような被害を受けてきたのか。今、これらを明らかにし、具体的に取り組んでいかなければ、地方社会や下層労働者が使い捨てられ、産業や「成長」のために人間が犠牲となる世の中は変わらないだろう。

◎主な内容◎

被ばく労働に隠されている原発の本質とこの社会の闇
　　　　　　　　　　　山谷労働者福祉会館活動委員会　　なすび
第１章　被ばく労働をめぐる政策・規制と福島の収束作業
　　　　　　　　　　　全国労働安全センター連絡会議　　西野方庸
第２章　さまざまな労働現場に拡がる被ばく問題
　１．港湾労働の現場から　　　全港湾書記長　　　　　　松本耕三
　２．清掃労働の現場から　　　東京清掃労組一組総支部委員長　岸野静男
第３章　非正規労働（使い捨て労働力）の象徴としての被ばく労働
　　──日雇い労働の現場から　全国日雇労働組合協議会　中村光男
第４章　原発事故収束作業の実態　フリーター全般労働組合　北島教行
第５章　福島現地の現状と家族の声
　１．労働相談から見えてきたこと　いわき自由労働組合書記長　桂武
　２．重くのしかかる仕事がないという現実
　　　──原発作業員の家族の声①　大熊町の明日を考える女性の会　木幡ますみ
　３．原発の隠蔽体質は現場の作業員が一番よく知っている
　　　──原発作業員の家族の声②　　　　　　　　　　木田節子
第６章　除染という新たな被ばく労働　山谷労働者福祉会館活動委員会　なすび
被ばく労働問題を反／脱原発の取り組みの中に位置づけるために
　　　　　　　　　　　　　被ばく労働を考えるネットワーク
資　料